圖解系列

圖解

五南圖書出版公司 印行

水文學

黃宏斌 / 著

閱讀文字

理解內容

觀看圖表

圖解讓
水文學
更簡單

序

　　水文學爲研究地球上所有水的發生、循環、分布，水的物理化學特性，以及水對環境的影響，包括水與生物間的關係。水文學領域涵蓋了地球上水的完整生命史。

　　本書從氣象與氣候變遷兩個章節出發，涵蓋水文循環、大氣環流到溫室氣體與溫室效應等議題。接著爲傳統水文學的內容，如流域、降水、降水損失、地下水等四個章節，詳細解析一些常見的基礎概念。水文分析的基本概念則分別列於第七章和第八章，爲河川水文與逕流歷線。最後一章爲水文觀測儀器，介紹目前常用的雨量計與水位計。適合高中和大學部學生，以及對水文學有興趣的人士參考使用。

　　感念指導教授於作者在學期間的諄諄教誨，謹以此書獻給中興大學何智武教授與臺灣大學陳信雄教授。

第1章
氣象

1-1 定義

目前學術界對於水文學並沒有普遍被接受的定義。一般而言，水文學係研究水在大氣、地表面、土壤和岩層下等空間的各種行為，包含水的發生、循環、分布、物理化學特性、對環境影響，以及與生物間關係的科學。1962 年，美國科學與技術聯邦委員會（U.S. Federal Council for Science and Technology）定義水文學："the science that treats of all the waters of the earth, their occurrence, circulation, and distribution, their chemical and physical properties, and their reaction with their environment including their relation to living things. The domain of hydrology embraces the full life history of water on the earth." 水文學為研究地球上所有水的發生、循環、分布，水的物理化學特性，以及水對環境的影響，包括水與生物間的關係。水文學領域涵蓋了地球上水的完整生命史。

與水文學有關的學科很多。以水的氣相（Atmosphere）為對象的有氣象學（Meteorology）、氣候學（Climatology）、水文氣象學（Hydrometeorology）和動態水文學（Dynamic Hydrology）等；以水的液相（Hydrosphere）為對象的有河流水文學（River Hydrology）、湖泊水文學（Lake Hydrology）、沼澤水文學（Mire Hydrology）、冰河學（Cryology）、冰雪水文學（Cryology）、冰川學（Cryology）和海洋水文學（Marine Hydrology）；以水的固相（Lithosphere）為對象的有地下水文學（Groundwater Hydrology）、區域水文學（Regional Hydrology）、農業水文學（Agricultural Hydrology）、森林水文學（Forest Hydrology）、都市水文學（Urban Hydrology）、洪水水文學（Flood Hydrology）等；以生物、生態為對象的有生態學（Ecology）、生物水文學（Biohydrology）、生態水文學（Ecological Hydrology）等；其他有古水文學（Paleohydrology）、全球水文學（Global Hydrology）、比較水文學（Comparative Hydrology）、統計水文學（Statistical Hydrology）等。

氣候變遷和全球暖化是以氣溫、降雨日數、降雨量、降雨強度等水文參數的長期觀測資料為基礎，分別依據不同情境模擬而得到結論。

風災、水災、土石流災害，以及其他天然災害防治也用到水文學的分析技術及其參數，如風力、降雨量、降雨強度、河川警戒水位等。

水文學包羅萬象，涵蓋物理、化學、地理、地質、土壤、生物、流體力學、渠道水力學和統計學等學科範圍。

表 1-1　水文學的應用

類別	水文參數
集水區經營、水土保持	1. 降雨強度與延時 2. 地表逕流量、河川流量、水位 3. 地下水位、流量 4. 入滲量 5. 土壤沖蝕量 6. 河川懸浮質、推移質輸砂量
防洪、排水	1. 不同重現期距的降雨強度、洪峰流量、水位 2. 河川警戒水位、流量歷線 3. 地下水位 4. 河川懸浮質、推移質輸砂量
灌溉、給水	1. 年降雨量、季節降雨量變化、分布 2. 取水口流量歷線、水位變化 3. 地下水位、出水量 4. 滲漏量 5. 取水口懸浮質、推移質輸砂量 6. 地表水與地下水水質
水力發電	1. 水庫或攔河堰集水區的降雨、蒸發量 2. 進水口與尾水水位 3. 進水口流量歷線 4. 進水口懸浮質、推移質輸砂量
航運	1. 河川流量與流速 2. 河川水位變化 3. 河床沖刷與淤積
精準農業、智慧農業	1. 旬降雨量、季節降雨量變化、分布 2. 土壤入滲量 3. 蒸發量 4. 灌溉引水量 5. 地下水位、出水量
災害防治	1. 颱風暴風半徑、平均風力級數、陣風級數 2. 高低空氣壓 3. 降雨量、降雨強度 4. 河川水位
全球暖化、氣候變遷	下列水文參數的長期觀測資料 1. 氣溫 2. 降雨日數、降雨量、降雨強度

1-2 水文循環

　　地表、河流、湖泊或海洋的水分因為太陽照射導致溫度升高到一定程度而蒸發，成為大氣的一部分。當蒸發的水汽上升遇到高空冷空氣經過凝結作用再轉為降水回到地表，入滲到土壤或直接降落到河流、湖泊或海洋的循環作用稱水文循環。

　　依據不同氣象條件，水在天空、地面和地表會以氣相、液相和固相型態存在。地表、河流、湖泊或海洋的水分因為太陽照射，水滴會以氣相型態的水汽蒸發上升且漂浮在空氣中，在地表面附近遇到冷空氣便凝結為液相的細小水滴稱為霧；上升到大氣才遇到冷空氣凝結為水滴者稱為雲。當雲朵裡的水滴累積到空氣浮力無法支撐時就降落到地面稱降水（Precipitation）。如果大氣溫度太冷時，上升水汽凝結成固相型態後再降落地表者則為雪、冰雹或霰。

　　液相的降水從大氣降落到地表面過程途中，部分掉落在樹冠或建築物頂部無法降落到地面者稱截留（Interception）。降水抵達地面後，部分滲透到土壤者稱入滲（Infiltration）；部分掉落到低窪的窪地中，無法流動者稱窪蓄（Depression storage）。沒有入滲或窪蓄的降水即為逕流（Runoff）。逕流順著地形坡度，由高處往低處流動，進入湖泊或河川，最後匯流入海。在降水、入滲、窪蓄或成為逕流過程中，液相降水都會因為溫度升高而轉化成汽相的水汽，蒸發進入大氣，遇到冷空氣再凝結降落，形成另一個循環。

　　空氣中以氣相或固相形態存在的污染物，除了因為本身重力而下降外，也會隨著雨、雪、霧、雹等降水形態落到地面。酸性物質的污染物以這種形態降落到地面就是一般所稱呼的酸雨。

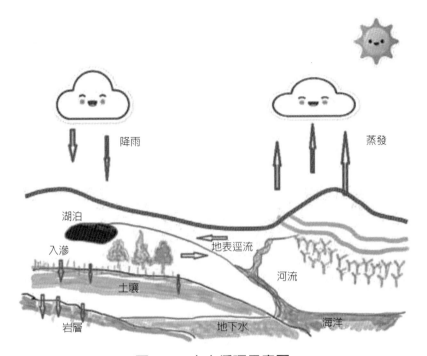

圖 1-1　水文循環示意圖

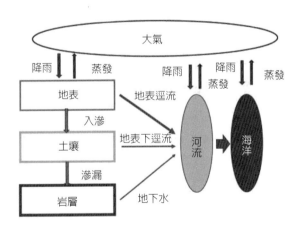

圖 1-2　水文循環概念示意圖

1-3 大氣層

　　因為重力影響而包圍地球的成層氣體稱大氣層。大氣層的分層方法依據分子組成，可以分為均勻層和非均勻層等兩個層次。均勻層為自地表至 85 公里高度的大氣層，除水汽含量有較大變動外，其餘氣體組成變化不大；85 公里以上為非均勻層，能夠過濾太陽輻射的高能部分。依據大氣的物理化學性質，可以分為光化層和電離層等兩個層次。光化層分布在地表上空 20～110 公里之間，包含平流層內的臭氧和中氣層內的原子氫和氫氧基。電離層又稱增溫層，空氣分子易於電離導致自由電子眾多，有反射無線電波的能力，容易產生極光。電離層因為太陽輻射對不同高度不同成分的空氣分子會造成不同的電離分層，如 D 層、E 層和 F 層。最普通的是根據溫度的垂直分布與變化來劃分。自地表往上可分為對流層、平流層、中氣層和增溫層等五個層次，各層的厚度因時因地而異，並非一成不變。大氣受到地心引力的影響，越接近地面密度越大。最低一層為對流層，其上為平流層，再上為中氣層，最高層為增溫層。

　　對流層約占大氣 75% 的質量。厚度約 12 公里，夏季較冬季厚，低緯度地區較高緯度地區厚。溫度隨高度增加而下降，每上升 100 公尺，溫度下降約 0.6°C。由於水氣對流旺盛，雲、霧、雨、雪等天氣現象大多發生於對流層下部。

　　平流層分布在地表上空 10 公里至 55 公里之間。下部溫度幾乎不變，或是隨高度增加而略為增加，稱同溫層；上部含有臭氧吸收紫外線，溫度隨高度增加而上升，每上升 100 公尺，溫度上升約 0.5°C，至平流層頂達最高溫度。

　　中氣層分布在地表上空 50 公里至 80 公里之間。主要成份有臭氧、氧、二氧化碳、氮氧化物等光化學產物，為光化層的一部分。溫度隨高度增加而下降。

　　增溫層分布在地表上空 80 公里至 400～500 公里之間。下部空氣非常稀薄，空氣分子易於電離導致自由電子眾多，稱電離層，有反射無線電波的能力。

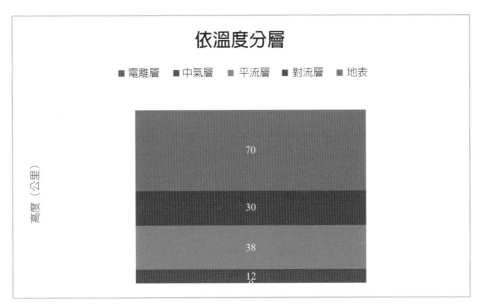

圖 1-3　大氣分層（依溫度）

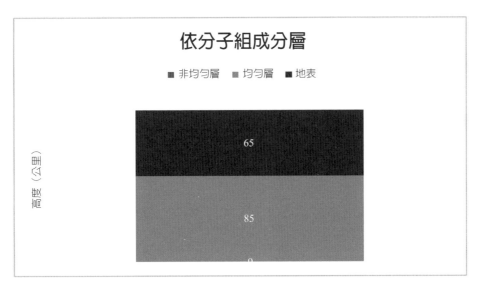

圖 1-4　大氣分層（依分子組成）

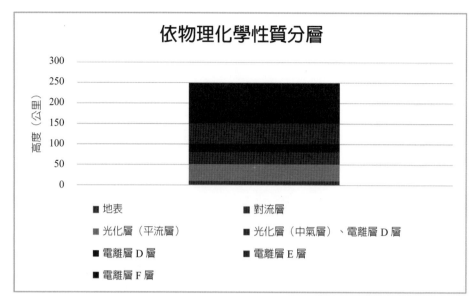

圖 1-5　大氣分層（依物理化學性質）

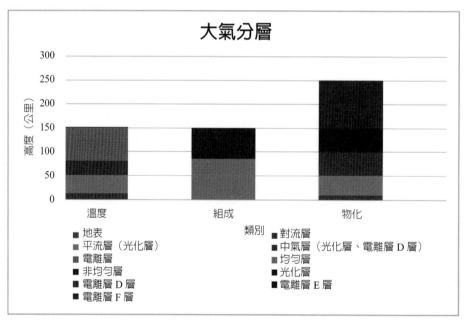

圖 1-6　大氣分層

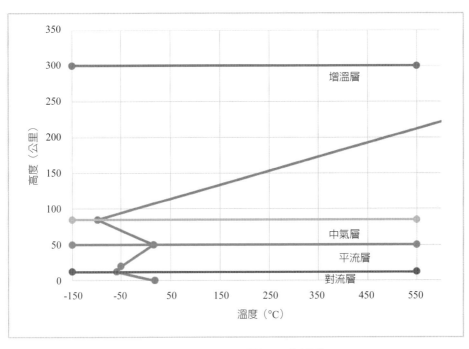

圖 1-7　大氣分層的溫度變化

表 1-2　大氣分層的溫度變化範圍

高程（公里）	層次別	溫度（°C）
0		20
12	對流層	−58
20	平流層	−50
50	平流層	16.85
85	中氣層	−83～−113
300	增溫層	1000

1-4 大氣環流

　　大氣環流係地球表面因為冷熱不均勻而形成的空氣環流。地球上的風帶由三個環流所推動，亦即低緯度環流、中緯度環流和極地環流。

　　北半球的低緯度環流為封閉式環流，乃溫暖潮濕空氣從赤道（低壓區）蒸發至對流層頂後，往北極方向前進，到了北緯 30 度附近，這些空氣會因為高壓作用下沉，部分空氣抵達地表後沿著地表往南流向赤道，形成信風。整個空氣的對流作用稱低緯度環流。

　　北半球的極地環流和低緯度環流一樣穩定，但是機制不同。相對於赤道，極地附近的空氣溫度較低且較乾燥，到達高壓區後下沉，受到地球自轉影響向西偏斜形成極地東風。隨著東風移動的空氣在北緯 60 度附近遇到溫度較高的西風時，因為密度關係，西風挾帶的空氣較輕被極地下來的空氣拱上對流層頂後，部分往北流向極地的空氣就形成極地環流。

　　北半球的中緯度環流乃介於低緯度環流和極地環流之間的非閉合環流。當低緯度環流在北緯 30 度因高壓下沉後，部分往北移動的空氣會因為地球自轉關係形成西風，由西風挾帶的空氣在北緯 60 度附近被來自極地區的東風拱上對流層頂後，部分往南的空氣就形成中緯度環流。

　　當地表面相鄰兩點的氣壓不同時，因為平衡理論的關係，高壓處的空氣會被迫流向低壓處，流動的空氣就是所謂的風。固定距離間的氣壓差值稱為壓力梯度，空氣會順著壓力梯度最大的方向流動，即為風向。

　　北半球的風向、壓力系統分布有赤道無風帶、高壓無風帶、貿易風、西風盛行帶、極頂風和東北風盛行帶。

一、赤道無風帶：赤道附近因為太陽直接照射的關係，地表溫度增加，氣流上升，降水量大、無風向。

二、高壓無風帶：赤道上升氣流到達大氣中，冷卻後會向南北向流動，加上科氏力影響，為西南風，到達北緯 30 度附近轉為西風，幾乎與地球旋轉方向相同。由於高緯度周長較赤道小，大氣密度和壓力增加，促使氣流流向地面，降水量小、無風向。

三、貿易風：當北緯 30 度上空下降的氣流到達地面後，會向南北向流動，吹向南方的氣流因為科氏力的影響會轉成東北風。由於風向、風速較為穩定，經常協助航海人員跨越海洋，稱貿易風。

四、西風盛行帶：北緯 30 度上空下降到達地面吹向北方的氣流，因為科氏力的影響會轉成西南風。由於緯度越高，科氏力愈大，氣流幾乎往西方向流動，成為西風。

五、極頂風：氣流到達北緯 60 度時，部分下降；部分往北流動。往北方向流
　　動的氣流到達北極時，因為堆擠作用被迫向極地地面流動，為高壓極頂
　　風。

六、東北風盛行帶：自極地上空下降到達地面吹向南方的氣流，因為科氏力的
　　影響會轉成東北風，稱東北風盛行帶。

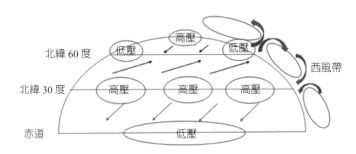

圖 1-8　北半球風向、氣壓系統分布圖

表 1-3　北半球風向與壓力系統

北緯（度）	風向	壓力系統
90	下降氣流	極頂風
75	東北風	東北風盛行帶
60	多變	極圈氣旋帶
45	西風	西風盛行帶
30	下降氣流	高壓無風帶
15	東北風	貿易風（東北風）
0	上升氣流	赤道無風帶

1-5 氣象名詞

常出現在水文學的氣象名詞有氣壓、日平均溫度和濕度。濕度又包含絕對濕度、相對濕度和比濕度。

一、氣壓：大氣為具有質量的不同氣體組成，大氣任何一點所承受上層的重量。氣象局的氣壓觀測值是以氣象晶片感應轉換而得。氣壓單位可以用汞柱高度表示；也可以用毫巴表示。汞柱高度與毫巴間的換算公式如下：

1 大氣壓（atm）= 760 公厘（mm）汞柱 = 1,013.2 毫巴（mb）

二、氣溫：距地面 1.25～2.00 公尺間流動，且不受太陽直接輻射影響的空氣溫度。氣象局的氣溫觀測值是以氣象晶片感應轉換而得。溫度度數表示有攝氏和華氏兩種。攝氏單位為 °C；華氏單位為 °F。兩者間的換算公式如下：

$$[°C] = \frac{5}{9} ([°F] - 32)$$

簡單比較，攝氏 0°C 為華氏 32°F。

三、日平均溫度：每天 0 時到 24 小時期間的最高和最低氣溫分別為當天的日最高溫度和日最低溫度。當天日最高溫度與日最低溫度的平均值為日平均溫度。

$$日平均溫度 = \frac{日最高溫度 + 日最低溫度}{2}$$

四、蒸發：因為太陽照射將水分從自由水面或土壤逸散至大氣的現象。蒸發量係指在某特定時間內，水分藉由蒸發作用散布到大氣中的量體。一般而言，溫度越高、濕度越小、風速越大、氣壓越低，蒸發量就越大。土壤蒸發量和水面蒸發量對於農業生產和水文工作上非常重要，當降水量小於蒸發量時，就容易發生乾旱現象。自由水面蒸發量多採用達爾敦（Dalton）公式

$$E = kf(u)(e_0 - e_a)$$

k：常數；f(u)：風速函數；e_0：與水面溫度相同的飽和蒸汽壓，吋（in）；e_a：距水面高度 a 的實際蒸汽壓，吋（in）

五、濕度：氣象局的濕度觀測值是以氣象晶片感應轉換而得。

1. 絕對濕度為單位體積的水汽質量

$$H_a = 217 \frac{e}{T}$$

H_a：絕對濕度，g/m^3；e：水汽壓力，mb；T：絕對溫度，°C

2. 相對濕度為某溫度之水汽壓力與該溫度飽和水汽壓力之比

$$H_r = 100 \times \frac{e}{e_s}$$

H_r：相對濕度；e_s：同一溫度的飽和水汽壓力

3. 比濕度為單位質量空氣之水汽質量

$$H_s = 622 \times \frac{e}{P_a - 0.378e}$$

H_s：比濕度，g/kg；P_a：含水汽的空氣壓力，mb

表 1-4　氣象名詞

氣象名詞		定義	單位換算
氣壓		大氣為具有質量的不同氣體組成，大氣任何一點所承受上層的重量	1 大氣壓（atm）= 760 公厘（mm）汞柱 = 1,013.2 毫巴（mb）
氣溫		距地面 1.25～2.00 公尺間流動，且不受太陽直接輻射影響的空氣溫度	$[°C] = \frac{5}{9}([°F] - 32)$
日平均溫度		當天日最高溫度與日最低溫度的平均值	日平均溫度 $= \frac{日最高溫度 + 日最低溫度}{2}$
蒸發		因為太陽照射將水分從自由水面或土壤逸散至大氣的現象	自由水面蒸發量多採用達爾敦（Dalton）公式 $E = kf(u)(e_0 - e_a)$ k：常數；f(u)：風速函數；e_0：與水面溫度相同的飽和蒸汽壓，吋（in）；e_a：距水面高度a的實際蒸汽壓，吋（in）
濕度	絕對濕度	單位體積的水汽質量	$H_a = 217\frac{e}{T}$ H_a：絕對濕度，g/m³；e：水汽壓力，mb；T：絕對溫度，°C
	相對濕度	某溫度之水汽壓力與該溫度飽和水汽壓力之比	$H_r = 100 \times \frac{e}{e_s}$ H_r：相對濕度；e_s：同一溫度的飽和水汽壓力
	比濕度	單位質量空氣之水汽質量	$H_s = 622 \times \frac{e}{P_a - 0.378e}$ H_s：比濕度，g/kg；P_a：含水汽的空氣壓力，mb

1-6 地球與大氣熱平衡

　　太陽輻射爲短波輻射，假設太陽日射總量爲 100 個單位時，約 42 個單位輻射量在大氣層外圍就因爲反射、散射作用而逸散在太空，反射量依據雲層含量、種類和反射率而定。其餘 58 個單位輻射量有 15 個單位進入大氣層；剩下的 43 個單位輻射量直接抵達地表，爲直接短波輻射。地表接收來自太陽 43 個單位的短波輻射和來自大氣層 111 個單位的長波輻射，共 154 個單位輻射量後，有 143 個單位長波輻射進入大氣層，以及 11 個單位長波輻射量直接穿過大氣層抵達太空。針對大氣層而言，太陽 15 個單位的短波輻射加上地表長波輻射 143 個單位進入大氣層，而大氣層有 47 個單位長波輻射到太空，以及 111 個長波輻射到達地表，共 158 個單位輻射量。

　　以輻射種類而言，大氣熱平衡有太空短波輻射、地表長波輻射和大氣層長波輻射三大類：

一、太空短波輻射：除了抵達地表的直接輻射和散射外，還有進入大氣層被水汽和其他氣體吸收，以及被雲層、地表反射和大氣散射回太空的熱量。

二、地表長波輻射：包含直接傳回太空的熱量和被大氣層吸收或蒸發的熱量。

三、大氣層長波輻射：大氣層所吸收的熱量會以長波輻射形式同時往上方傳回太空，以及向下方傳到地表。

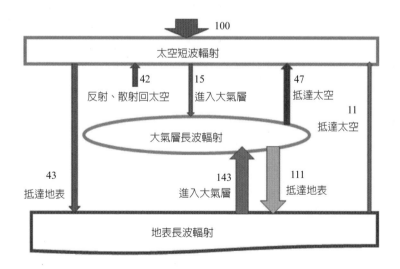

圖 1-9　地球與大氣的熱平衡

表 1-5　地球與大氣輻射量

	輻射類別	路徑	機制	輻射量	小計
1	太空短波輻射	反射、散射回太空	雲層、地表反射	33	42
			大氣散射	9	
		進入大氣層	水汽吸收	11	15
			其他氣體吸收	4	
		抵達地表	直接輻射	27	43
			大氣散射	16	
2	地表長波輻射	進入大氣層	吸收	120	143
			蒸發	23	
		抵達太空	直接輻射	11	11
3	大氣層長波輻射	抵達太空	直接輻射	47	47
		抵達地表	長波輻射	107	111
			對流	4	

表 1-6　地球與大氣熱平衡收支表

	區域	收入	輻射量	小計	支出	輻射量	小計
1	太空	反射、散射	42	100	日射總量	100	100
		地表直接長波輻射	11				
		大氣層直接長波輻射	47				
2	大氣層	吸收短波輻射	15	158	直接長波輻射至太空	47	158
		吸收長波輻射	143		長波輻射、對流至地表	111	
3	地表	直接短波輻射、大氣層散射	43	154	穿越大氣層之長波輻射	143	154
		大氣層長波輻射	111		直接長波輻射至太空	11	

　　大氣層臭氧的形成主要是因為氧分子吸收紫外線後分解成兩個氧原子，每個氧原子再與氧分子合併成為臭氧。紫外線照射臭氧後又可以分解成氧分子和氧原子，形成臭氧-氧氣持續生成、分解的循環區，這個循環區稱臭氧層。臭氧含量在大氣層 20～25 公里高度處，也就是平流層底層最高。由於臭氧可以吸收大量太陽散發出來的紫外線，高能量的紫外線使得氣溫升高。隨著高度升高，氣溫持續升高至 50 公里高度處，也就是平流層頂層。所以，平流層屬於

逆溫層，也就是氣溫隨著高度升高而增加。平流層底層氣溫約 $-58°C$，頂層氣溫約 $17°C$。

臭氧雖然在大氣中含量很少，地球各地的臭氧層密度也大不相同，在赤道附近最厚，南北極最薄。在極地寒冷的條件下，長達三個月沒有陽光，溫度降到 $-80°C$ 以下，低溫的極地雲層含有硝酸的三水合物、迅速冷卻和緩慢冷卻的兩種冰水混合物。這三種物質因為沒有陽光照射，所以沒有發生化學反應，等到春季陽光出現，雲層中的冰融化，化學反應迅速發生，釋放大量的氯原子，導致臭氧層被破壞。

根據臭氧總量衛星觀測儀器（TOMS）的測量，地球上空平流層的臭氧從 1970 年代開始，以每 10 年 4% 的速度遞減。南極地區在春季和初夏時期迅速減薄，形成臭氧層破洞（Ozone depletion），1985 年臭氧層減薄達 70%，1990 年代減薄速度稍緩，降為 40～50%，2021 年 9 月 16 日，歐盟「哥白尼大氣監控系統」（Copernicus Atmosphere Monitoring Service）表示，南極洲上空的臭氧層破洞大幅擴張，面積已超過了整個南極洲。2023 年 1 月聯合國環境署和世界氣象組織發布報告稱，研究人員發現臭氧層有顯著增厚的情形。

北極地區臭氧層減薄情況比南極緩和，最大減薄 30%。中緯度地區臭氧層沒有形成破洞，1980 年以前，北緯 35～60° 地區臭氧層減薄 3%，南緯 35～60° 地區減薄 6%，赤道地區臭氧層沒有明顯的消耗現象。

1920 年代發明了氟氯烴（chlorofluorocarbons, CFCs），也稱氟利昂（CFC），主要用於發泡劑、溶劑、冷媒、噴霧推進劑及滅火器，具有無毒、無腐蝕、穩定的特性，在 1980 年代以前受到廣泛應用。1980 年代，科學家首次發現南極上空的臭氧層出現了一個大洞，由於氟氯烴在紫外線的照射下就會分解釋放氯原子，成為分解臭氧的催化劑，為了避免臭氧層持續被破壞，聯合國會員國在 1987 年 9 月 16 日，簽署了《蒙特婁議定書》，分階段限制使用氫氟烴，而且自 1996 年起，氫氟烴正式被禁止生產。後來，又增列限制使用氫氟烴（hydrofluorocarbons, HFCs）。

臭氧層無法阻擋 315～400 奈米的紫外線，當臭氧層出現破洞時，則原本被臭氧層阻擋的 270～315 奈米波長的紫外線能夠直接照射地球表面。紫外線對人類和環境所造成的影響如下：

一、對人類的影響：皮膚癌罹患率增加、眼睛白內障罹患率增加、破壞免疫系統。

二、對環境的影響：植物生長不易、農作物產量下降、部分海洋浮游生物滅絕、建築物材料加速老化。

第2章
氣候變遷

2-1 背景

工業革命以後，人類大量地使用煤、石油和天然氣等化石燃料，每年約有六十億噸的二氧化碳排放至大氣中，造成的溫室效應越來越嚴重。溫室效應氣體中，二氧化碳和氧化亞氮主要來自化石原料的燃燒過程；氟氯碳化物的使用則包括冷媒、噴霧劑和發泡劑等化學用途；甲烷則來自於發酵與腐化的過程，包括反芻動物、水田和垃圾掩埋場的排放等；臭氧則來自於汽機車、發電廠和煉油廠所排放的氮氧化物和碳氫化合物，再經過光化學作用所產生的。

IPCC, Intergovernmental Panel on Climate Change 第五次評估報告（2015）：1880～2012 年間全球包含陸地與海洋平均溫度上升 0.85°C，遠超過 1850～1900 和 2003～2012 年間之 0.78°C。1901～2010 年間，海平面平均高度上升 19 公分，1993～2010 年間每年上升 3.2 公厘。劇烈降雨和乾旱發生之頻率和強度都有增加之趨勢，同時，極端高溫發生頻率增加，北大西洋發生強烈颱風數量也增加。

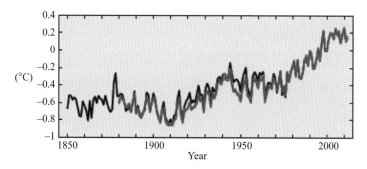

圖 2-1　全球平均溫度變化圖（取自 IPCC, Synthesis Report, Climate Change 2014, 2015）

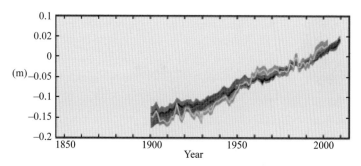

圖 2-2　全球平均海平面變化圖（取自 IPCC, Synthesis Report, Climate Change 2014, 2015）

　　IPCC2014 預估 2100 排放情境，全球平均溫度上升 1.0～3.6°C，極端高溫將上升 4.8°C，海平面高度平均每年上升 40～63 公分，最高為 82 公分。亦即熱浪和豪大雨發生頻率增加，乾旱發生強度和頻率將會增加。東亞地區冬雨減少，夏雨增加。台灣未來情境：降雨量大而集中；不降雨天數增加。西南沿海地層下陷嚴重低窪地區之淹水威脅增加，都市洪水災害威脅劇增，乾旱威脅更頻繁。

表 2-1　以 1986～2005 年間數據為基礎，預測 21 世紀中期和晚期溫度和海平面變化（IPCC, Climate Change 2014, Synthesis Report, 2015）

		2046～2065		2081～2100	
	情境模擬	平均	範圍	平均	範圍
平均溫度變化（°C）	RCP2.6	1.0	0.4～1.6	1.0	0.3～1.7
	RCP4.5	1.4	0.9～2.0	1.8	1.1～2.6
	RCP6.0	1.3	0.8～1.8	2.2	1.4～3.1
	RCP8.5	2.0	1.4～2.6	3.7	2.6～4.8
平均海平面上升高度（m）	情境模擬	平均	範圍	平均	範圍
	RCP2.6	0.24	0.17～0.32	0.40	0.26～0.55
	RCP4.5	0.26	0.19～0.33	0.47	0.32～0.63
	RCP6.0	0.25	0.18～0.32	0.48	0.33～0.63
	RCP8.5	0.30	0.22～0.38	0.63	0.45～0.82

2-2 溫室效應

　　溫室效應係指太陽短波輻射穿過地球的大氣層後，地表的部分長波輻射被大氣層吸收而反射回到地表，導致地表升溫的現象。亦即能量高的短波輻射可以穿透大氣層；而地表受到太陽照射後所散發的長波輻射卻會被大氣層內的溫室氣體吸收後，再散發至地表和天空。溫室氣體將地表散發的熱量保存在大氣層內稱溫室效應。

　　由於大氣層對短波輻射的吸收力較弱；對長波輻射的吸收力較強。白天太陽的部分短波輻射被大氣吸收，晚上大氣再以長波輻射形式同時往上方傳回太空，以及向下方傳到地表。如果像月球沒有大氣層吸收短波輻射和傳送長波輻射的情況時，會出現白天受太陽照射，地表溫度迅速升高；晚上沒有大氣的長波輻射，地表溫度會急遽降低。據估計，如果地球沒有大氣層的保護，地表平均溫度會下降到不適合人類生存的 –18°C。雖然如此，當大氣層吸收過多的短波輻射和傳送較多的長波輻射時，地表的溫度就會增高。這種狀況就是我們目前所面臨的溫室效應，全球暖化問題。自從工業革命以來，大量燃燒石化燃料，排放水蒸氣、二氧化碳、甲烷等氣體到大氣中，由於這些氣體會各自吸收大氣中特定頻率波段的能量，加上水蒸氣所形成非氣體的雲也會吸收和排放能量，導致地面溫度不正常增加的結果。

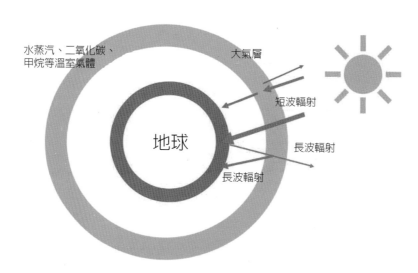

圖 2-3　　溫室效應示意圖

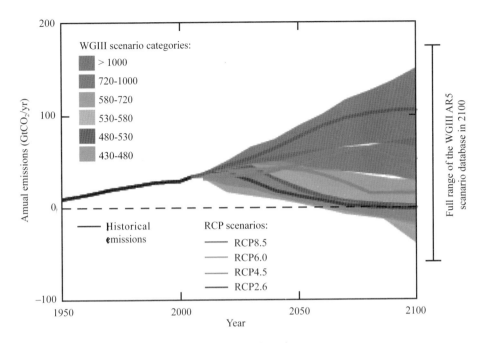

圖 2-4　全球人為二氧化碳年排放量（取自 IPCC, Synthesis Report, Climate Change 2014, 2015）

表 2-2　IPCC 模擬的情境

情境別		定義
1	RCP2.6	極低輻射強迫的減緩情境
2	RCP4.5	中等穩定化的情境
3	RCP6.0	
4	RCP8.5	溫室氣體高度排放的情境

註：
1. RCPs：濃度途徑。
2. RCP2.6：全球暖化幅度可能維持在比工業革命前的溫度高攝氏 2 度以內的情境。

2-3 溫室氣體

　　溫室氣體乃大氣中產生溫室效應的氣體成分，溫室氣體有水蒸氣、二氧化碳、甲烷、臭氧、一氧化二氮、氫氟碳化物、全氟碳化物、六氟化硫和三氟化氮等。

一、水蒸氣：存在於地表、河川、湖泊、海洋的固相型態水因為太陽照射蒸發，以水蒸氣型態上升到大氣中，或是各種農業、工業生產所產生的水蒸氣上升到大氣中。

二、二氧化碳：燃燒石化燃料所產生的二氧化碳，近來逐年以倍數增加。砍伐森林，減少光合作用二氧化碳的消耗量，火山爆發以及生物的呼吸作用所排放的二氧化碳。

三、甲烷：畜牧業反芻動物腸道發酵、飼養牲畜的糞便發酵所排放的甲烷；厭氧環境下，如長時間浸水或保持濕潤的水稻田在放水或收割後也會排放甲烷。發酵、沼氣、反芻動物打嗝、生物物質缺氧燃燒和垃圾掩埋場也排放甲烷。

四、臭氧：大氣層中的氧分子因為高能量的輻射分解（光化作用）所形成的氧離子與另一個氧分子結合成為臭氧。汽機車、發電廠和煉油廠所排放的氮氧化物和碳氫化合物，經過光化學作用也會產生臭氧。

五、一氧化二氮：又稱笑氣，可作為麻醉劑、助燃劑、火箭氧化劑、奶油發泡劑等。施用氮肥、生產尼龍，化石原料和有機物燃燒也會產生一氧化二氮。

六、氫氟碳化物：空調和冷凍裝置冷媒、噴霧劑、發泡劑。

七、全氟碳化物：聚氯乙烯、鐵氟龍。

八、六氟化硫：致冷劑、輸配電設備的絕緣與防電弧氣體。

九、三氟化氮：半導體、液晶和薄膜太陽能電池生產過程中的蝕刻劑。

表 2-3 溫室氣體

溫室氣體名稱	來源
水蒸氣（H_2O）	
二氧化碳（CO_2）	化石原料燃燒、火山爆發、動物呼吸
甲烷（CH_4）	發酵、沼氣、反芻動物打嗝、生物物質缺氧燃燒、水田和垃圾掩埋場排放
臭氧（O_3）	汽機車、發電廠和煉油廠所排放的氮氧化物和碳氫化合物，經過光化學作用產生
一氧化二氮（N_2O）	施用氮肥、生產尼龍，化石原料和有機物燃燒
氫氟碳化物（HFCs）	空調和冷凍裝置冷媒、噴霧劑、發泡劑
全氟碳化物（PFCs）	聚氯乙烯、鐵氟龍
六氟化硫（SF_6）	致冷劑、輸配電設備的絕緣與防電弧氣體
三氟化氮（NF_3）	半導體、液晶和薄膜太陽能電池生產過程中的蝕刻劑

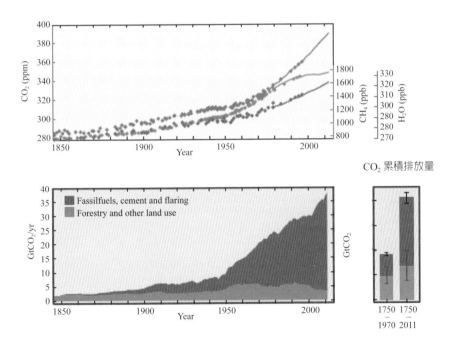

圖 2-5 全球二氧化碳、水蒸氣和甲烷排放量（取自 IPCC, Synthesis Report, Climate Change 2014, 2015）

2-4 氣候變遷與全球暖化

氣候變遷（climate change）是指氣候在一段長時間，約 10 年以上的波動變化。氣候變遷是一種自然而且多變的現象，古氣候資料顯示地球早已經歷過好幾次的氣候變遷。影響氣候變遷的因素很多：包括火山爆發或是週期性的太陽活動等。現階段影響氣候變遷最大的因素則是人類排放大量能使氣溫上升的溫室氣體。也就是說，雖然氣候變遷是一種自然的現象，但並不代表人類的活動不會影響氣候。

全球暖化（global warming）顧名思義就是全球平均溫度上升，特別是指靠近地表或海面的全球平均氣溫隨著時間逐漸升高的現象。相對來說，當全球平均溫度下降就可稱為全球冷卻，而這氣候冷暖之間的變化，都可以稱為氣候變遷（climate change）。因此，全球暖化僅是氣候變遷中的一個現象。而氣候變遷所隱含的改變，除了溫度變化外，還包含降雨型態的改變、海平面上升、融冰加速，以及各種極端氣候事件的發生。

表 2-4　氣候變遷與全球暖化差異

名稱	氣候變遷	全球暖化
定義	氣候在一段長時間，約 10 年以上的波動變化	全球平均溫度上升
現象	自然現象，人類活動也可以影響	氣候變遷中的一個現象
效應	溫度變化、降雨型態改變、海平面上升、融冰加速，以及各種極端氣候事件發生	溫度變化

自圖 2-6 可知，石化燃料和工業生產所排放的二氧化碳最多，自 1970 到 2010 年間，1970～2000 年間人為溫室氣體的年總排放量每年約增加 1.3%；而 2000～2010 年間，短短 10 年內增加 2.2%。顯示人為溫度氣體排放量有越來越增加的趨勢。

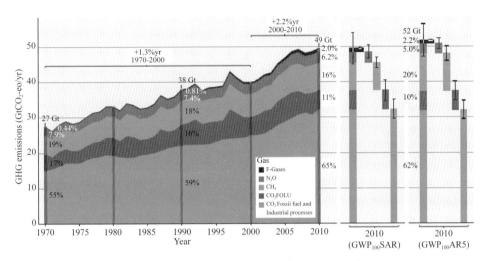

圖 2-6　人為溫室氣體 1970～2010 年間總排放量（取自 IPCC, Synthesis Report, Climate Change 2014, 2015）

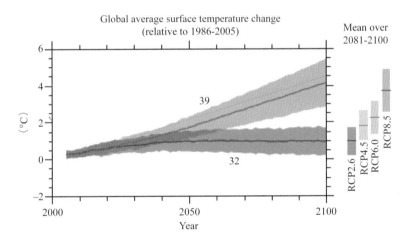

圖 2-7　全球平均地表溫度變化（相對於 1986～2005 年）（取自 IPCC, Synthesis Report, Climate Change 2014, 2015）

2-5 地球暖化對環境的影響

地球暖化造成全球氣候變遷現象，最主要為改變氣溫及降雨情形，進而影響水文、水資源、農業生產、農業需水量及生態系統，對地球人類及生物生存環境造成重大影響及危害。

一、雨量分布

大量溫室氣體會阻擋太陽長波輻射逸散到大氣，導致地表溫度上升。陸地和海洋比熱不同，在暖化影響下陸地會發生嚴重乾旱；海洋會產生劇烈低氣壓。全球雨量分布更加不均勻，導致旱更旱、澇更澇的現象發生。

過多降雨導致過量營養鹽流入河溪、湖泊、水庫等水域，使得浮游植物族群量增加，降低水域清澈度、減少日照量。另外，長期乾旱導致生活、工業、農業等用水不足；極端降雨事件異常，暴雨損毀取水、蓄水及供水系統設施造成缺水。另外，長期乾旱也會增加火災和森林大火發生頻率、熱浪也會提高犯罪，增加電力、水利設施損壞頻率、改變生態棲地，以及疾病傳播機率和範圍。

二、洋流和海平面

升高的溫度讓兩極地區冰原加速融化，不僅極地生態受到威脅，大量淡水注入海水會淡化海洋鹹度，導致受鹹度驅使之洋流循環減緩，受洋流影響地區氣候隨之改變，進而有生態上變化；同時全球海平面不斷升高，會淹沒低窪地區改變陸地生態，導致海水入侵地下水，將會減少地下水可用水量。再者，可反射紅外線之冰原減少，兩極地區吸收熱量效率更好，寒帶地區升溫會比熱帶地區更快，威脅當地生態。持續上升之地表溫度會擴大熱帶地區，縮小寒帶地區面積，高山雪線向高處退縮，冰河溶融、大河斷流，導致氣候改變和生態衝擊。

三、農業生產

氣溫升高使得生物往南、北極或高海拔地區移動，也促使許多地區外來種突然增加。最明顯的是，植物生長環境高度將持續上升，賴以為生之物種也隨之往高海拔區域遷移。國際稻米研究所的資料顯示，若晚間最低氣溫上升 1°C，稻米收成便會減少一成。

四、生態

　　由溫度決定性別之爬蟲類動物，在未孵化前，生理受到溫度影響而改變，最後改變族群性別比率（李培芬，2008）。動物棲息行為：蝴蝶、鳥類在溫度上升影響下，分布範圍有向兩極和高海拔移動之趨勢。某些區域候鳥之遷移時間，在春天會提前到達，秋天則會延後起飛（李培芬，2008）。北極熊會利用漂浮海冰作為交通工具，冬天懷孕之北極熊則在海冰裡挖雪洞作為產房。如果海冰消失則有可能導致北極熊滅絕（國際環保組織綠色和平網站，2008）。當海水表面溫度上升超過季節最高溫攝氏 1°C 以上時，會造成珊瑚白化現象。

表 2-5　地球暖化對環境影響

影響項目	可能影響層面
雨量分布	極端旱澇，缺水、森林火災、生態棲地改變
洋流和海平面	洋流循環減緩、海平面上升、陸地、寒帶面積減少、生態棲地改變
農業生產	收穫量減少
生態	生態棲地、生活型態改變、珊瑚白化

　　圖 2-8 為 IPCC 彙整 AR4（第 4 次 IPCC 評估報告）公布以來的相關文獻所整理出來的全球氣候變遷衝擊。包括極圈、北美洲、中南美洲、歐洲、非洲、亞洲、澳洲和島群等八大區域。下方圖例中最左側為信賴區間，以堆疊方格數目表示，自非常低、低、中等、高到非常高，共 5 級。堆疊方格數目越多表示信賴區間越高。在信賴區間圖例右側係以藍、綠、紅三種顏色分別代表物理、生物和人類活動和經營等三大系統。其中，物理系統包含冰川、雪、冰和凍原；河川、湖泊、旱澇；海岸侵蝕和／或海平面等三項。生物系統包含陸域生態系統、野火和海洋生態系統等三項。人類活動與經營系統包含糧食生產、生計、健康和／或經濟等兩項。實心圖像代表氣候變遷的主要影響／貢獻；空心圖像則代表次要影響／貢獻。

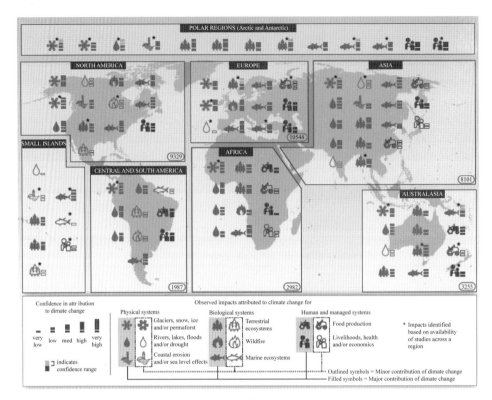

圖 2-8　AR4 公布以來的全球氣候變遷衝擊（取自 IPCC, Synthesis Report, Climate Change 2014）

　　根據 IPCC 氣候變遷第六次評估報告之科學重點摘錄與臺灣氣候變遷評析更新報告（IPCC, The Physical Science Basis, Climate Change 2021）：

一、氣候現況

1. 人類對大氣、海洋及陸地暖化的影響是無庸置疑的。大氣、海洋、冰雪圈與生物圈已經發生廣泛且快速的變遷。

2. 近期的地球氣候系統與其各面向的變遷程度，是過去數世紀至數千年來前所未有的。

3. 人為氣候變遷已經影響世界各地許多極端天氣與氣候事件。自從第 5 次評估報告發布以來，極端事件（如熱浪、豪雨、乾旱、熱帶氣旋）的觀測及其受人為影響的證據均已強化。

4. 氣候過程、古氣候證據與氣候系統對輻射驅動力的反應等相關知識的進展指出，在二氧化碳加倍的情況下，平衡氣候敏感度的最佳估計為 3°C，比第五次評估報告的敏感度區間為小。

二、可能的未來氣候

1. 無論哪種排放情境，全球地表將持續增溫至少到本世紀中。除非在幾十年內大幅減少二氧化碳及其他溫室氣體排放，否則全球暖化幅度將在 21 世紀超過 1.5°C 及 2.0°C。

2. 氣候系統的諸多變遷與全球暖化程度直接相關。這些變遷包括極端高溫、海洋熱浪、豪雨、部分地區農業與生態乾旱的發生頻率與強度增加、強烈熱帶氣旋比例增加、以及北極海冰、雪蓋與永凍土的減少。

3. 持續的全球暖化將進一步增強全球水循環，其中包括水循環變異度、全球季風降雨、乾濕事件的嚴重程度。

4. 根據推估，在二氧化碳排放持續增加的情境下，海洋及陸地的碳匯作用對減緩大氣中二氧化碳的累積，效果較差。

5. 過去及未來的溫室氣體排放所造成的許多變遷，尤其是海洋、冰層以及全球海平面等，在未來數世紀至數千年都是不可逆的。

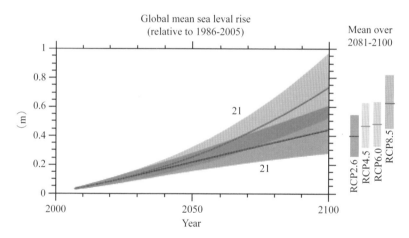

圖 2-9　全球平均海平面高度變化（相對於 1986～2005 年）（取自 IPCC, Synthesis Report, Climate Change 2014, 2015）

2-6 臺灣的雨量變化

　　天氣在一天當中並非一成不變；而是不斷變動的，例如氣溫隨著黎明前到太陽升起、太陽高掛、黃昏以至於夜晚，自低溫漸漸升高溫度到一天當中的最高溫度，然後緩慢下降，直到一天當中的最低溫度，每天周而復始的出現在我們生活當中。氣候則是一段期間內的溫度或雨量觀測平均數值或現象。雖然變化莫測的天氣現象很難預測，但是依據一段期間天氣的變化趨勢，經過統計分析可以預測未來的氣候變化。

　　中央氣象局的氣候變遷全書指出，當距平值為平均氣溫與平均值的差，且平均值為 1901～2000 年的平均氣溫時，全球與台灣的年平均氣溫距平值變化如圖 2-10 所示。高於平均值以紅色直條表示；低於平均值則以藍色直條表示，黑色虛線為氣溫趨勢。

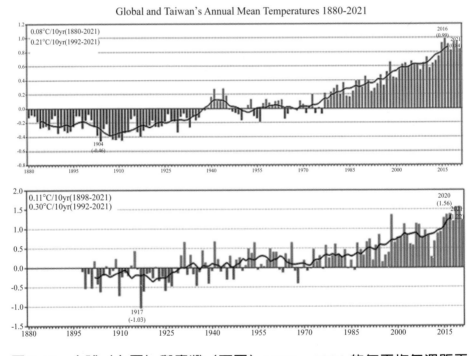

圖 2-10　全球（上圖）與臺灣（下圖）1880～2021 的年平均氣溫距平值變化（Central Weather Bureau, Taiwan's climate in 2021, 2022）

　　彙整經濟部水利署民國 25 年至民國 110 年所公告共 86 本水文年報得知，民國 59 年以前的年平均雨量以民國 38 年到 79 年的平均值，2,515 公厘代表。自圖 2-9 得知，1998 年之前僅有一個年份超過 3,000 公厘年平均雨量，爲 1974 年的 3,103 公厘；小於 1,800 公厘年平均雨量有二個年份，爲 1980 年的 1,605 公厘和 1993 年的 1,605 公厘。

　　自 1998 年到 2021 年間，有 7 個年份超過 3,000 公厘年平均雨量：如 1998 年的 3,322 公厘、2001 年的 3,077 公厘、2005 年的 3,568 公厘、2007 年的 3,241 公厘、2008 年的 3,025 公厘、2012 年的 3,139 公厘、2016 年的 3,278 公厘。2005 年的年平均雨量爲 1970~2021 年間最大平均年雨量，3,568 公厘。自 1998 年到 2021 年間小於 1,800 公厘年平均雨量有 2002 年的 1,572 公厘和 2003 年的 1,689 公厘。2002 年的年平均雨量爲 1970～2021 年間最小平均年雨量，1,572 公厘。

　　當圖 2-11 中橘色點爲自民國 38 年到資料年的平均降雨量時，則從 1970 年到 2021 年以來，高年平均雨量值有越來越多的趨勢，同時低年平均雨量值也有越來越低的現象，亦即澇、旱年越來越明顯。

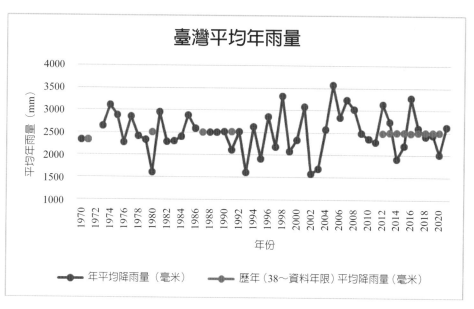

圖 2-11　臺灣 1970～2021 年平均年雨量變化

2-7 臺灣面臨的災害威脅

　　生存乃是人類存在這世界的要件，當滿足基本生理需求，得以存活時，接著就是需要一個沒有危險，一個安全的生活環境。早期先民來台墾殖時，爲了取水方便，滿足生活所需、生命維持之基本條件，大都逐水草而居，濱臨水岸而結社，再次形成聚落。後來因爲河道動盪變遷、河水氾濫，淹沒水岸邊之田園村莊，聚落才漸遷往離水岸較遠之安全地點，以同時滿足生活和安全兩項要件。

　　臺灣是由菲律賓海板塊和歐亞大陸板塊碰撞、擠壓而隆起的紡錘形島嶼。北端富貴角至南端鵝鑾鼻長度約 380 公里，東邊秀姑巒溪河口至西邊濁水溪口長度約 140 公里。這塊狹長的島嶼擁有 258 座 3,000 公尺以上的高山，鄰近的紐西蘭有 24 座、日本有 21 座。位於中央山脈的西側的河流是往西邊流入臺灣海峽；中央山脈東側與海岸山脈西側間的花東縱谷河流除了花蓮溪和秀姑巒溪是南北流向外，其餘河流都是東西向流入這兩條河流。海岸山脈東側的河流則流入東側的太平洋。在全島東西側最長僅有約 140 公里，卻有 258 座高過 3,000 公尺的高山，形成坡陡流急的臺灣河流特性。

　　世界銀行 2005 年的 Natural Disaster Hotspots－A Global Risk Analysis 指出：颱風、洪水、地震、坡地災害、土石流等天然災害中，臺灣同時暴露於三項以上天然災害的土地面積與面臨災害威脅之人口均爲 73%，高居世界第一。此外，臺灣同時暴露於兩項以上天然災害的土地面積與面臨災害威脅的人口也都是 90%。

　　臺灣面臨的災害威脅有：自然的易致災性、社經發展影響和氣候變遷的衝擊等三方面。

一、自然的易致災性：山高坡陡、地質脆弱、河流短促、颱風豪雨侵擊。颱風襲擊（每年平均 3.5 次）、降雨強度高、豐枯水期之降雨量明顯、山高水急、蓄水不易、地質脆弱、表土鬆軟。

二、社經發展影響：都市化人口集中、地下場站和大型空間，增加災害脆弱度與風險；生活、工業、農業用水量增加導致超抽地下水、不透水面積增加加重下水道排水負荷。農業與觀光發展的需求，山坡地和河川超限利用與不當開發等都會增加災害發生的機率。

三、氣候變遷的衝擊：極端乾旱與強降雨事件發生、海水位上升、地層下陷威脅。

表 2-6　臺灣面臨的災害威脅

項目	內容
自然的易致災性	山高坡陡、地質脆弱、河流短促、颱風豪雨侵擊
社經發展影響	都市化人口集中、地下場站和大型空間，增加災害脆弱度與風險；生活、工業、農業用水量增加導致超抽地下水、不透水面積增加加重下水道排水負荷
氣候變遷的衝擊	極端旱澇、海水位上升、地層下陷威脅

圖 2-12　蘇迪勒颱風（2015 年）在南勢溪肇災景象之一

圖 2-13　溪頭實驗林野溪土石流肇災景象之一

2-8 洪災與坡地災害在氣候變遷下可能的脆弱度與衝擊

　　目前的研究成果顯示，颱風、洪水、地震、坡地災害、土石流等天然災害中，除了地震與氣候變遷關係較薄弱外，颱風、洪水、坡地災害和土石流都和氣候變遷有關，而且氣候變遷會增加強降雨和颱風發生的次數，提高洪災、坡地災害和土石流發生的機率。

一、洪災

1. 強降雨事件增加導致淹水風險提高。由於強降雨事件的降雨強度增加，超過原有排水和防洪設施的設計標準，提高淹水風險。
2. 侵臺颱風頻率與強度增加衝擊防災體系的應變與復原能力。因應侵臺強度增加，現有的防災體系必須全面提升才能有效執行各項防災應變措施。然而，侵臺颱風或強降雨事件發生頻率增加有可能導致災後復原工程尚未完全完成之前又接著有颱風或強降雨事件來襲，形成更大規模和範圍的破壞。例如2018年7月19日、8月23日和8月27日連續三場降雨強度分別達55公厘／小時、108公厘／小時和77公厘／小時的強降雨事件，導致滯洪池內的蓄水尚未完全排除前又面臨新一場的強降雨事件，造成高雄市多處淹水。
3. 海平面上升易導致沿海低窪地區排水困難或海水倒灌。
4. 暴潮發生機率增加導致淹水機會與淹水期間增加。

二、坡地災害

1. 強降雨事件增加導致嚴重水土複合性災害。
2. 侵台颱風頻率與強度增加提高二次災害風險與復原難度。
3. 大規模崩塌災害機率增加。

表 2-7　洪災與坡地災害在氣候變遷下可能的脆弱度與衝擊

洪災	坡地災害
1. 強降雨事件增加導致淹水風險提高 2. 侵臺颱風頻率與強度增加衝擊防災體系的應變與復原能力 3. 海平面上升易導致沿海低窪地區排水困難或海水倒灌 4. 暴潮發生機率增加導致淹水機會與淹水期間增加	1. 強降雨事件增加導致嚴重水土複合性災害 2. 侵臺颱風頻率與強度增加提高二次災害風險與復原難度 3. 大規模崩塌災害機率增加

圖 2-14　高雄市澄清路一帶於 2018 年 8 月 28 日積水情形（取自自由時報，記者張忠義攝）

圖 2-15　合流嘎色鬧土石流災情

2-9 氣候變遷因子與各類型災害關係

　　氣候變遷因子有強降雨事件增加、強颱發生機率增加、極端旱、澇現象明顯，以及海平面上升及地層下陷等四個主要因子，各個因子與各類型災害的關係如下：

一、強降雨事件增加：超過區域排水系統負擔或堤防防護標準，提高淹水風險、坡地災害風險提高。

二、強颱發生機率增加：連續性大規模洪水災害衝擊防災體系的應變和復原能力、連續性坡地災害提高二次災害風險以及影響防災體系的應變和復原能力。

三、極端旱、澇現象明顯：影響水庫蓄水能力、水質穩定和水庫操作安全，以及影響土壤保水能力。

四、海平面上升及地層下陷：暴雨侵襲時排水更為困難，增加淹水風險。

　　這四個氣候變遷因子所造成的複合型災害會影響高災害風險地區之防災應變能力，水庫、橋梁、堤防等基礎設施之安全，水質穩定、水庫操作與乾旱缺水、土砂沖刷、河道淤積和二次災害，漂流木與堰塞湖問題。

表 2-8　氣候變遷因子與各類型災害關係（資料來源：陳亮全等，氣候變遷與災害衝擊，臺灣氣候變遷科學報告，2011）

氣候變遷因子	洪水災害	坡地災害	複合型災害
強降雨事件增加	超過區域排水系統負擔或堤防防護標準，提高淹水風險	坡地災害風險提高	影響高災害風險地區之防災應變能力，水庫、橋梁、堤防等基礎設施之安全，水質穩定、水庫操作與乾旱缺水、土砂沖刷、河道淤積和二次災害，漂流木與堰塞湖問題
強颱發生機率增加	連續性大規模災害衝擊防災體系的應變和復原能力	連續性災害提高二次災害風險以及影響防災體系的應變和復原能力	
極端旱、澇現象明顯	影響水庫蓄水能力、水質穩定和水庫操作安全	影響土壤保水能力	
海平面上升及地層下陷	暴雨侵襲時排水更為困難，增加淹水風險		

圖 2-16　蘇迪勒颱風（2015 年）在南勢溪肇災景象之一

圖 2-17　合流嘎色鬧整流工挖出的肇災土石

圖 2-18　桃園 2013 年 611 豪雨的老街溪

圖 2-19　桃 113 線道路於 2005 年馬莎颱風後崩壞掉落一半車道

第3章
流域

3-1 流域和集水區

　　流域係指某特定溪流出海口以上天然排水所匯集地區；而集水區係指溪流一定地點以上天然排水所匯集地區。因此，一條河流只有一個流域，如圖 3-1 所圈繪的範圍為宜蘭縣頭城鎮蕃薯溪流域；卻因為任何一點都可指定為集水點，而有無限多個集水區。如圖 3-2 的 A、B、C 等三個集水點所圈繪的範圍為集水區，當集水點是出海口，亦即圖 3-2 的 A 點時，紫色曲線所圈繪的範圍是流域，也是集水區。

　　另外，區域排水集水區係指一定地點（集水點、排放口）以上人為規劃排水所匯集地區。因此，點、線、面源之集水面積係依據點、線、面源之集水點以上天然排水所匯集面積。其中，點源為排水系統或管涵、箱涵以點狀型式排入、排出。線源為線狀型式之道路截、排水系統。面源則為均勻分布之平面型式降雨或排水。集水區劃設是水利建設或排水計畫之根本，在完成劃設流域、集水區或區域排水集水區範圍，並計算其集水面積，配合地形、地質、土壤、植生和土地使用狀況，分析其逕流係數後，再據以計算集水點之逕流量。

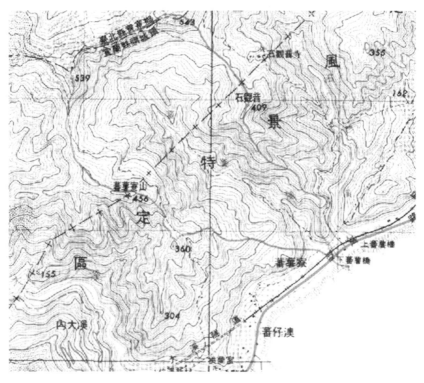

圖 3-1　宜蘭縣頭城鎮蕃薯溪流域

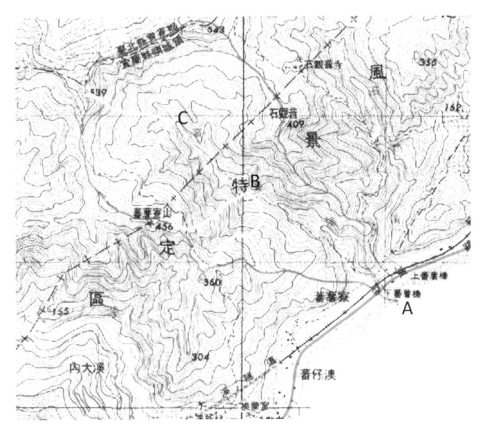

圖 3-2　宜蘭縣頭城鎮蕃薯溪流域及其集水區

　　流域為天然集水單位；集水區可以是天然或人為集水單位。天然的集水區如同小集水面積的流域；人為集水區則是城鄉排水計畫的規劃成果。雨水下水道的幹線可以視同流域的主河道，收集兩側集水區的出流量；支線可以視為主河道兩側的支流，收集支流集水區的水量。

　　不同等級道路的縱向坡度不同，當縱向坡度大於道路橫向洩水坡度時，地面逕流沿著道路方向的流量會比橫向的流量多，也就是道路兩側的進水口無法完全收集道路路面（集水範圍）的逕流體積，甚至只能收集到極小部分的逕流量，而造成道路積水。道路縱向坡度小於橫向洩水坡度時，道路兩側的進水口就可以完全收集道路路面的逕流體積，不會有積水現象出現。

　　另外，道路兩側進水口間距、大小可以依據動量守恆公式推算的側流口公式計算以收集路面的總逕流體積，防止路面積水。

3-2 土壤沖蝕

除了人為開發破壞外，土壤受到雨水、逕流、風力、地震、海浪、重力、溫度變化等天然外力衝擊後，從固結的土體鬆散分離、搬移與堆積的現象，稱為土壤沖蝕。土壤沖蝕過程依序分為土壤分離、搬運、堆積。沖蝕因為外力種類不同可分為水蝕與風蝕，水系和流域的形成以水蝕作用為主。其中，因為風化或地殼變動所產生的土壤沖蝕，為正常沖蝕或一次土砂生產；由於人為開發或坡壞所產生的地表沖蝕、崩塌、地滑、土石流等外力影響所導致的沖蝕，為加速沖蝕，或二次土砂生產。

表 3-1　地表逕流下切或帶走的條件

條件	機制
氣溫	短週期的溫度變化容易導致不同結晶質所構成的岩石，因為不同膨脹差使得岩石破壞成細粒化或緻密岩塊。長周期的溫度變化則會使表層和下層的岩層發生不同膨脹差剝離而破碎
雨水	雨水和空氣中的二氧化碳作用會溶解岩石間的膠結物質，破壞岩石結構為岩塊
長期風化	岩石因為本身地質條件和長期氣象因素會風化成黏土礦物
地殼變動	地殼抬升或地震鬆動、裂縫等外力使得節理或片理發達的岩石容易沿著節理或片理面風化而破壞

流域係由多個水系連結如網狀；而水系又是土壤沖蝕發展的結果。其中，沖蝕程序依次為飛濺沖蝕、層狀沖蝕、指狀沖蝕和溝狀沖蝕。

表 3-2　沖蝕程序

沖蝕程序	機制
飛濺沖蝕	雨滴所具備的動能打擊地表會分散地面裸露的土壤顆粒，繼而隨著飛濺的水滴濺射到他處稱飛濺沖蝕
層狀沖蝕	超滲雨量會逐漸形成緩和而均勻的薄膜流，流動於地表的土粒之間。當薄膜流流速變大時，平滑的斜坡地表降因為沖蝕作用加劇而產生層狀剝落，為層狀沖蝕
指狀沖蝕	地表經過層狀沖蝕後形成凹凸不平的表面，於是逕流向低窪處匯流產生許多如手指狀的小蝕溝，稱指狀沖蝕
溝狀沖蝕	指狀小蝕溝繼續發展、加深、延長、擴寬、互相兼併，使得逕流更為集中，沖蝕能量增大形成大溝，為溝狀沖蝕。蝕溝之形狀隨著土壤及其基岩的軟、硬、深度、層理與溝底降坡而異，可歸列為寬平淺溝、V 型蝕溝、U 型蝕溝和複式蝕溝等四種型態

圖 3-3 坡面沖蝕

圖 3-4 坡面沖蝕與邊坡植生

3-3 水系

水系爲地表逕流侵蝕地表後所形成的河槽系統。分無沖蝕區、強烈沖刷區和沉積區等三個區位。其中：

一、無沖蝕區：當水力或風力沖蝕力小於地表土壤或岩層的抗沖力時，沖蝕作用不會發生，這一區位稱無沖蝕區；

二、強烈沖刷區：當水力沖蝕或沖刷力大於地表土壤或岩層的抗沖力時，沖蝕或沖刷作用就會發生，下切的蝕溝逐漸發展爲河槽，這個區位稱強烈沖刷區；

三、沉積區：在坡度平緩地區，由於坡度減緩，從上游流下來的泥砂、岩塊無法被水流帶走，將會於這個區位沉積下來，稱沉積區。

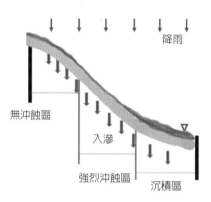

圖 3-5　河槽系統示意圖

以淡水河爲例，依據年平均逕流量大小將涵蓋上下游的整個水系圈繪於圖3-6。其他如頭前溪、後龍溪、大安溪、大甲溪、烏溪、濁水溪、北港溪、八掌溪、曾文溪、高屏溪、蘭陽溪、花蓮溪、秀姑巒溪和卑南溪等較大流量的河川也可以自圖中藍色線條了解各個河川的水系分布範圍。

表 3-3　臺灣地區水資源分區 110 年平均總逕流量表

區域別	面積（km²）	年平均總逕流量（億 m³）
北部	7,347	153.03
中部	10,507	100.06
南部	10,002	246.77
東部	8,144	161.8
臺灣地區	36,000	661.66

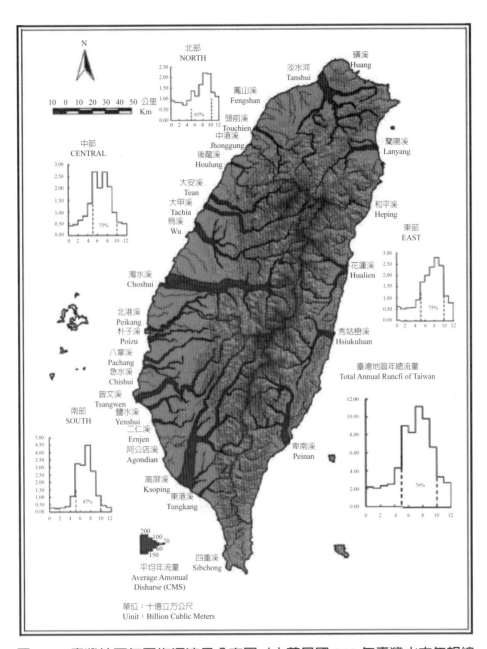

圖 3-6 臺灣地區年平均逕流量分布圖（中華民國 110 年臺灣水文年報總冊，經濟部水利署，2021）

3-4 水系平面型態

　　地形起伏、地質條件、氣候和地表植被是影響流域特性的自然因子，其中，岩性、地質構造和氣候為主要影響因子。這些因子的交互影響產生不同的水系平面型態。

一、樹枝狀：為最常見的水系型態，經常位於岩層或土壤質地比較均勻的地區。這類水系的支流與主流匯流處呈現銳角型態。

二、矩形狀：位於岩層層理和節理法線幾近垂直且斷裂的地區。這類水系的支流因為地質因子影響，與主流匯流處呈現幾近直角型態。

三、羽毛狀：位於地形狹長、粉砂較多地區。這類水系由兩側長而接近平行、大小幾乎相等的順向支流組成。

四、平形狀：位於均勻且坡度和緩的地區。這類水系的主流多位於斷層或斷裂處。

五、放射狀：位於火山口、穹丘地區。這類水系自中央高處作輻射狀往外發展。

六、環狀：位於具有結構線的穹丘地區。這類水系主流與放射狀水系相似，但支流受到岩層斷裂或節理控制，多呈現同心圓狀。

樹枝狀　　　　　　　　矩形狀

羽毛狀　　　　　　　　平行狀

放射狀　　　　　　　　環狀

圖 3-7　水系平面型態

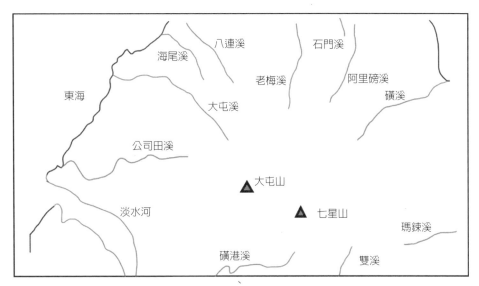

圖 3-8　大屯山系的放射狀水系平面型態

　　鼻頭角周邊水系平面型態如圖 3-9 所示，龍洞坑屬於樹枝狀水系平面型態；
南雅周邊和老鬼瀑布水系則類似平行狀水系平面型態。

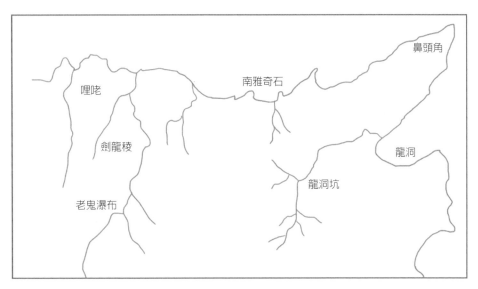

圖 3-9　鼻頭角周邊水系平面型態

3-5 河溪級序

自流域的分水嶺往下游發展，第一段爲非成河段，接著是常年有水的河溪段。沿著河溪陸續匯入其他河溪成爲大河溪，最後進入海洋。目前有四類河溪級序理論：

一、Horton（1945）

以最小且不分支的河溪爲第 1 級，匯入第 1 級的河溪爲第 2 級，依此類推，匯入第 2 級的河溪爲第 3 級。

二、Strahler（1964）

以最小且不分支的河溪爲第 1 級，會合兩條第 1 級河溪者爲第 2 級，依此類推，會合兩條第 2 級河溪者爲第 3 級。

三、Shreve（1966）

以最小且不分支的河溪爲第 1 級，兩條河溪匯流後的級數爲這兩條河溪級序的代數和。例如第 1 級和第 1 級河溪匯流後的級數爲 2；第 2 級和第 2 級河溪匯流後的級數爲 4。

四、Scheidegger（1968）

和 Shreve 理論相近，只是將最小且不分支的河溪當作第 2 級，如此一來，其理論的水系都是偶數。

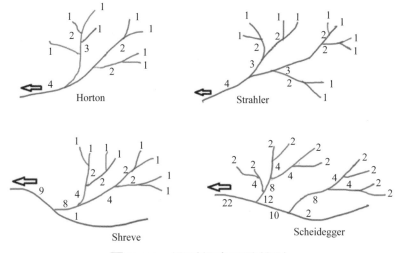

圖 3-10　河溪級序理論類別

如錢寧、張仁、周志德（1937）在河床演變學中所闡述的成果：目前水文領域常採用 Strahler 河溪級序理論，但是也有一些盲點存在。圖 3-6 為某一河溪級序，當其上游增加一條 1 級河溪（如圖 3-7 的紅色河溪）時，該水系最高級序號會從 3 級增加為 4 級。另外，圖 3-8 為同一匯入口的河溪級序，當兩條河溪不在同一點匯入時，該水系最高級序號會從 5 級降為 4 級。

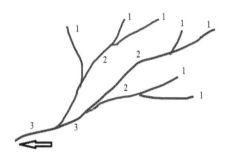

圖 3-11　某一河溪級序

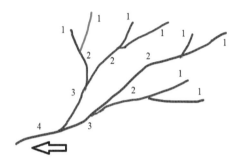

圖 3-12　增加一條 1 級河溪的級序

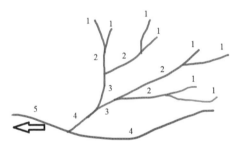

圖 3-13　同一匯入口的河溪級序

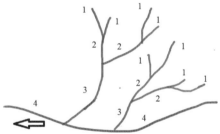

圖 3-14　不同匯入口的河溪級序

另外，分析河溪級序經常以地形圖的藍色河溪線為依據，由於地形圖的藍色河溪線係根據最新的航空照片或像片基本圖製作而成，不同年份所製作而成的河溪數量、長短和分布都不一定相同。再者，同一水系的河溪數量、長短和分布也會因為地形圖比例尺的大小而不同。一般而言，同一水系於大比例尺地形圖的河溪數量較多；小比例尺則河溪數量較少。

3-6 流域特性

經常用於描述流域或集水區特性的參數有面積、平均高程和平均坡度等。

一、流域或集水區面積

(一) 先在地形圖上圈繪出流域或集水區範圍；

(二) 使用求積儀或地理資訊系統（GIS）如 Arcinfo 或 Mapinfo 內建參數求得面積。

二、平均高程

經常使用計算流域或集水區平均高程的方法有斷面法、等高線面積法和坵塊法兩種。

表 3-4　平均高程計算方式

類別	說明
斷面法	1. 將流域或集水區每隔 20 公尺切出一個橫斷面 2. 計算各個橫斷面的平均高程，h_i 3. 平均高程： $$H = \frac{1}{N} \sum_{i=1}^{n} h_i$$ 式中， H：流域或集水區平均高度；N：橫斷面數；h_i：第 i 個橫斷面平均高程
等高線面積法	1. 量取地形圖上各相鄰等高線間的面積，A_i 2. 計算兩相鄰等高線高程值的平均數，$0.5(h_i + h_{i+1})$ 3. 平均高程： $$H = \frac{1}{A} \sum_{i=1}^{n-1} (0.5(h_i + h_{i+1}) \times A_i)$$ 式中， H：流域或集水區平均高度；A：流域或集水區面積；h_i：第 i 條等高線高程值；A_i：相鄰 i 和 i+1 條等高線間面積
坵塊法	1. 在地形圖上每 10 公尺或 25 公尺畫一方格坵塊 h_i 2. 求取每方格（坵塊）交點處高程， 3. 平均高程： $$H = \frac{1}{N} \sum_{i=1}^{n} h_i$$ 式中， H：流域或集水區平均高度；N：方格（坵塊）總交點數；h_i：第 i 個方格（坵塊）交點的高程值

三、流域或集水區平均坡度的計算方法有等高線法、坵塊法和Laurenson法。

表 3-5 平均坡度計算方式

類別	說明
等高線法	1. 依地形圖上等高線的疏密程度劃「坡度均質區」 2. 以每一坡度均質區的最高與最低等高線間（兩點間高差 h）的垂直線長度（兩點間之水平距離 L）計算該區平均坡度： $$S = \frac{h}{L} \times 100$$ 式中，h：兩點間高差（公尺），L：兩點間之水平距離（公尺）
坵塊法	1. 在地形圖上每 10 公尺或 25 公尺畫一方格坵塊 2. 每方格（坵塊）各邊與地形圖等高線相交點的點數，註於各方格邊上，再將四邊的交點數總和註在方格中間 3. 依交點數與方格邊長，以下列公式求得坵塊內平均坡度（S）或傾斜角（θ） $$S = \frac{n\pi \Delta h}{8L} \times 100$$ 式中， S：坡度（方格內平均坡度）（%）， Δh：等高線間距（公尺）， L：方格（坵塊）邊長（公尺）， n：方格內等高線與方格邊緣交點總數和， π：圓周率（3.14）。
Laurenson（1963）	1. 求取河溪縱剖面 2. 當繪製的直線滿足 $A_1 = A_2$ 時， $$S = \frac{\Delta H}{L}$$ 式中，S：平均坡度；Δh：縱剖面高差；L：縱剖面水平距離；A_1, A_2 分別為上游河床至直線間，以及直線至下游河床面積

3-7 山區與平地河溪之差異

　　由於臺灣地區山高坡陡，山區河溪流速快，向下沖刷力也大，經常造成河床侵蝕下切。也因爲流速快，隨著河溪的直進大動量，河床變形幅度和速度慢，不容易改變平面型態。山區河溪的平面型態受到山區岩性和構造影響很大，堅硬岩盤的山區河溪大都屬於 V 字形河谷；軟弱堆積土層則容易形成 U 字形河谷。因爲河溪大動量的直進性和 V 字形河谷，河漫灘較少形成。

項目	山區河溪	平地河溪
區位	地殼抬升區	地殼沈陷區
沖淤	侵蝕下切	堆積抬高
河床變形幅度	較慢	較快
河床變形速度	較慢	較快
受岩性與構造影響	較大	較小
河漫灘	少	多
階地、深切河曲	多	少
走向	順直	彎曲
彎曲係數	較小	較大

圖 3-15　養老部落附近的大漢溪 V 型河谷

圖 3-16 受到岩性和構造影響的養老部落附近河溪

圖 3-17　蘭陽平原鄉間溪流

圖 3-18　蘭陽平原近都會區溪流

第4章
降水

4-1 降水成因與種類

一、降水原因

　　大氣中水汽以液態或固態降落到地表的現象稱降水。某特定地點在某特定期間降水的總量稱降水量。臺灣因為位處亞熱帶，水文學研究的對象以能夠直接進入土壤、河川、湖泊和海洋的降水，亦即降雨為主。

　　降水的成因有三個要素；足夠水汽含量、大氣溫度夠低、足夠雨核量。

二、降水種類

　　降水包括雨、濛、雪、冰晶、冰雹、霧、霜、霰、霧淞等。

表 4-1　降水種類

種類	說明
雨	直徑大於 0.5 公厘的水滴
濛	直徑小於 0.5 公厘、強度小於 1 公厘／小時的水滴，俗稱毛毛雨
雪	大氣溫度為 -5°C 時，水汽凝結或是雲層內的冰晶碰撞形成六角形結晶體的固態降水
冰晶	水汽包圍雨核凝結成長的固態降水
冰雹	夏季地表因為太陽長時間照射，溫度高，蒸發量大，水汽到達高空遇到低於凝結點的溫度時，水汽凝結成冰晶落下，降落過程中因為溫度升高有部分融化為水，接著又被旺盛的對流抬升，水分再遇冷結冰，如此循環作用直到氣流無法支撐而降落地面的非結晶體的固態降水
霧	當溫度接近露點時，地面附近懸浮的水汽凝結成固態的冰晶
霜	水汽不經液態直接昇華成固態的冰晶，通常出現於戶外植物的表面
霰	高空溫度在 -5°C 時，水汽凝結成非結晶體的冰粒落下，過程中因為無法維持低溫而有些微融化，變成不透明的白色球型冰粒
霧淞	水在低溫下被風吹到樹枝或是建築物上所凝結而成的白色或乳白色冰晶

表 4-2　雨量分級定義

雨量分級	定義
大雨	24 小時累積雨量達 80 公厘以上，或時雨量達 40 公厘以上的降雨現象
豪雨	24 小時累積雨量達 200 公厘以上，或 3 小時累積雨量達 100 公厘以上的降雨現象
大豪雨	24 小時累積雨量達 350 公厘以上，或 3 小時累積雨量達 200 公厘以上的降雨現象
超大豪雨	24 小時累積雨量達 500 公厘以上的降雨現象

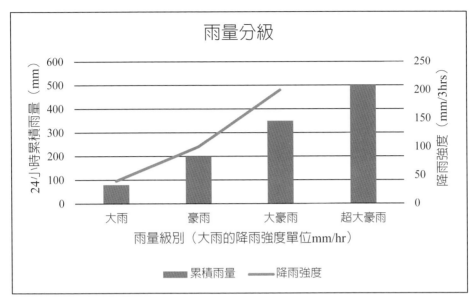

圖 4-1　雨量分級

表 4-3　豪（大）雨雨量警戒事項（中央氣象局）

雨量分級	警戒事項
大雨	山區：可能發生山洪暴發、落石、坍方 平地：排水差或低窪地區易發生積淹水 雨區：強陣風、雷擊
豪雨	山區：山洪暴發、落石、坍方、土石流 平地：易發生積淹水 雨區：強陣風、雷擊、甚至冰雹
大豪雨	山區：山洪暴發、落石、坍方、土石流、崩塌 平地：積淹水面積擴大，河川中下游防河水溢淹 雨區：強陣風、雷擊、甚至冰雹
超大豪雨	山區：大規模山洪暴發、落石、坍方、土石流、崩塌 平地：易有大範圍積淹水 雨區：強陣風、雷擊、甚至冰雹

4-2 降水方式

降水方式有地形雨、鋒面雨、對流雨和颱風雨等四類。

一、地形雨

當潮濕氣團遇到山嶺阻擋被迫抬升到一定高度，氣團水氣因為溫度降低冷卻凝結所形成的降水稱地形雨。降水坡面位於迎風的山坡面稱迎風面；氣團的水氣含量因為降水減少，越過山峰順著背風面往山下移動，為乾燥溫暖的下沉氣流。一般而言，地形雨隨著山嶺高度增加而增加，迎風面的降水多於背風面。

二、鋒面雨

當冷氣團和暖氣團相遇，潮濕的暖氣團因為密度較低，被密度較高的乾燥冷氣團推擠抬升。在抬升的過程中，暖氣團的水氣遇到溫度較低的冷氣團邊緣冷卻凝結降水稱鋒面雨。鋒面雨的降水範圍大、降雨延時長、降雨強度較小。

三、對流雨

當地表面受到強烈的太陽輻射，濕熱水汽快速蒸發上升遇到高空低溫冷卻凝結所形成的降水稱對流雨。由於對流旺盛會發生正負電荷分離現象，當正負電荷在不同雲體中累積到一定程度時就會互相放電。高度較低的雲體與地面之間也會有放電現象發生。對流雨的降水面積小、雨滴大，甚至降下有冰雹、降雨強度大、降雨延時短，伴隨雷電交加。

四、颱風雨

北半球赤道附近海面因為太陽終年直接照射，濕熱水汽快速蒸發上升，形成海面附近空氣稀薄而吸入北側冷空氣，冷氣團進入熱氣團底部時再度逼迫熱氣團抬升。熱氣團上升速度越快，吸入速度越快，形成劇烈的熱帶氣旋。當抬升熱氣團遇到高空低溫冷卻所形成的降水稱颱風雨。

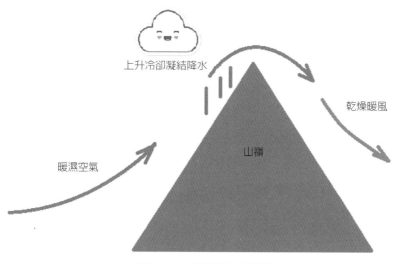

圖 4-2　地形雨示意圖

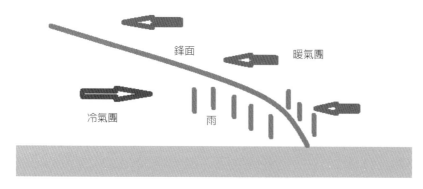

圖 4-3　鋒面雨示意圖

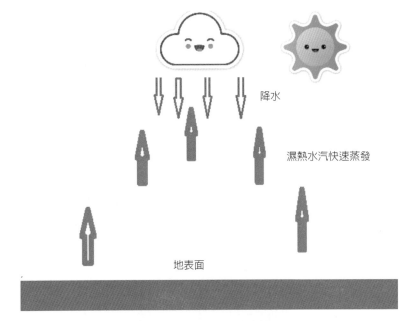

降水

濕熱水汽快速蒸發

地表面

圖 4-4　對流雨示意圖

表 4-4　降水方式

降水方式	說明
地形雨	流動的潮濕氣團遇到山嶺阻擋被迫抬升，氣團水氣因為溫度降低冷卻凝結所形成的降水
鋒面雨	暖、濕、較輕的暖氣團和冷、乾、較重的冷氣團相遇時，暖氣團在被抬升的過程中水汽冷卻凝結所形成的降水
對流雨	夏季地表因為太陽長時間照射，溫度高，濕熱水汽快速蒸發上升，遇到高空低溫冷卻凝結所形成的降水
颱風雨	北半球赤道附近海面因為太陽終年直接照射，濕熱水汽快速蒸發上升，形成海面附近空氣稀薄而吸入北側冷空氣，冷氣團進入熱氣團底部時再度逼迫熱氣團抬升。熱氣團上升速度越快，吸入速度越快，形成劇烈的熱帶氣旋。當抬升熱氣團遇到高空低溫冷卻所形成的降水稱颱風雨

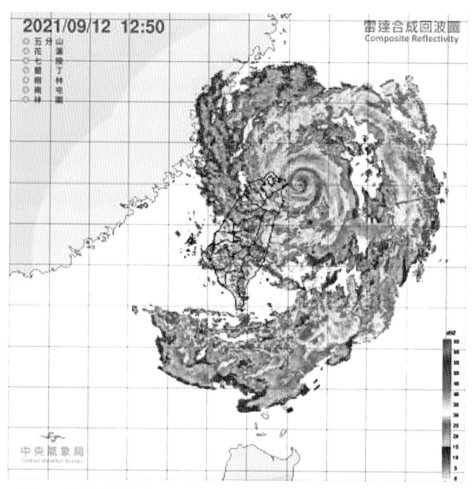

圖 4-5　燦樹颱風（2021/09/12）雷達回波圖（中央氣象局，2021）

4-3 颱風

颱風係熱帶海洋上發生的低氣壓，屬於劇烈的熱帶氣旋。由於科氏力的影響，北半球颱風為逆時針方向轉動；南半球則是順時針轉動。

一、颱風命名

世界氣象組織於 1998 年 12 月召開颱風委員會決議自西元 2000 年 1 月 1 日起，在國際航空及航海上使用的西北太平洋及南海地區颱風統一識別方式，除編號維持現狀外颱風名稱全部更換改編列為 140 個名字，分別由西北太平洋及南海海域的國家或地區計 14 個颱風委員會成員各提供 10 個，再由區域專業氣象中心（RSMC）負責依排定的順序統一命名。中央氣象局鑒於 140 個颱風名字複雜且不規律，輔以民意調查結果，選擇以颱風編號為主，颱風委員會之國際命名為輔。

表 4-5　颱風名稱（颱風百問，中央氣象局，2022）

第 1 組	第 2 組	第 3 組	第 4 組	第 5 組
丹瑞 Damrey	康芮 Kong-rey	娜克莉 Nakri	科羅旺 Krovanh	翠絲 Trases
海葵 Haikui	銀杏 Yinxing	風神 Fengshen	杜鵑 Dujuan	木蘭 Mulan
鴻雁 Kirogi	桔梗 Toraji	海鷗 Kalmaegi	舒力基 Surigae	米雷 Meari
鴛鴦 Yun-yeung	萬宜 Man-yi	鳳凰 Fung-wong	彩雲 Choi-wan	馬鞍 Ma-on
小犬 Koinu	天兔 Usagi	天琴 Koto	小熊 Koguma	蝎虎 Tokage
布拉萬 Bolaven	帕布 Pabuk	洛鞍 Nokaen	薔琵 Champi	軒嵐諾 Hinnamnor
三巴 Sanba	蝴蝶 Wutip	西望洋 Penha	煙花 In-Fa	梅花 Muifa
鯉魚 Jelawat	聖帕 Sepat	鸚鵡 Nuri	查帕卡 Cempaka	莫柏 Merbok
艾維尼 Ewiniar	木恩 Mun	辛樂克 Sinlaku	尼伯特 Nepartak	南瑪都 Nanmadol
馬力斯 Maliksi	丹娜絲 Danas	哈格比 Hagupit	盧碧 Lupit	塔拉斯 Talas

第1組	第2組	第3組	第4組	第5組
凱米 Gaemi	百合 Nari	薔蜜 Jangmi	銀河 Mirinae	諾盧 Noru
巴比侖 Prapiroon	薇帕 Wipha	米克拉 Mekkhala	妮妲 Nida	庫拉 Kulap
瑪莉亞 Maria	范斯高 Francisco	無花果 Higos	奧麥斯 Omais	洛克 Roke
山神 Son-Tinh	竹節草 Co-may	巴威 Bavi	康森 Conson	桑卡 Sonca
安比 Ampil	柯羅莎 Krosa	梅莎 Maysak	璨樹 Chanthu	尼莎 Nesat
悟空 Wukong	白鹿 Bailu	海神 Haishen	電母 Dianmu	海棠 Haitang
雲雀 Jongdari	楊柳 Podul	紅霞 Noul	蒲公英 Mindulle	奈格 Nalgae
珊珊 Shanshan	玲玲 Lingling	白海豚 Dolphin	獅子山 Lionrock	榕樹 Banyan
摩羯 Yagi	劍魚 Kajiki	鯨魚 Kujira	圓規 Kompasu	山貓 Yamaneko
麗琵 Leepi	藍湖 Nongfa	昌鴻 Chan-hom	南修 Namtheun	帕卡 Pakhar
貝碧佳 Bebinca	琵琶 Peipah	琵鷺 Peilou	瑪瑙 Malou	珊瑚 Sanvu
葡萄桑 Pulasan	塔巴 Tapah	南卡 Nangka	妮亞圖 Nyatoh	瑪娃 Mawar
蘇力 Soulik	米塔 Mitag	沙德爾 Saudel	雷伊 Rai	谷超 Guchol
西馬隆 Cimaron	樺加沙 Ragasa	紫檀 Narra	馬勒卡 Malakas	泰利 Talim
燕子 Jebi	浣熊 Neoguri	簡拉維 Gaenari	梅姬 Megi	杜蘇芮 Doksuri
山陀兒 Krathon	博羅依 Bualoi	閃電 Atsani	芙蓉 Chaba	卡努 Khanun
百里嘉 Barijat	麥德姆 Matmo	艾陶 Etau	艾利 Aere	蘭恩 Lan
潭美 Trami	哈隆 Halong	班朗 Bang-lang	桑達 Songda	蘇拉 Saola

二、颱風登陸地區和路徑

　　根據中央氣象局 111 年（1911～2021 年）以來的紀錄，一共有 188 個颱風在臺灣登陸。以八個登陸地區分類：

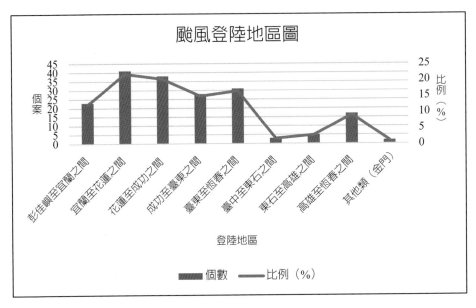

圖 4-6　颱風登陸地區圖

　　除了臺灣西北沿岸沒有颱風登陸外，颱風登陸次數以臺灣東岸的宜蘭至花蓮之間為最多，花蓮至成功之間次之，登陸比率都在 20% 以上；西部地區都在 10% 以下。

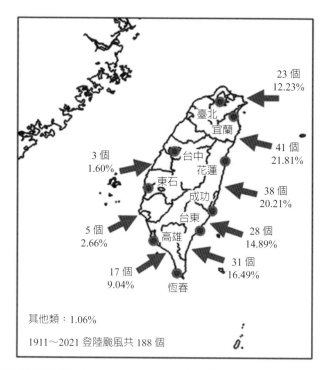

圖 4-7　颱風登陸地點（1911～2021）（颱風百問，中央氣象局，2022）

　中央氣象局將影響臺灣地區的颱風路徑分成 10 類，以第 5 類路徑比例最多，為 18.18%；第 2 類次之，13.25%；第 1、3、6 類都是 12.73%，為第三高比率路徑。

表 4-6　影響臺灣地區颱風路徑

類別	路徑	比例（%）
第 1 類	通過臺灣北部海面向西或西北進行	12.73
第 2 類	通過臺灣北部向西或西北進行	13.25
第 3 類	通過臺灣中部向西或西北進行	12.73
第 4 類	通過臺灣南部向西或西北進行	9.61
第 5 類	通過臺灣南部海面向西或西北進行	18.18
第 6 類	沿臺灣東岸或東部海面北上	12.73
第 7 類	沿臺灣西岸或臺灣海峽北上	6.75

類別	路徑	比例（%）
第 8 類	通過臺灣南部海面向東或東北進行	3.38
第 9 類	通過臺灣南部向東或東北進行	6.75
其他類	無法歸於以上的特殊路徑	3.9

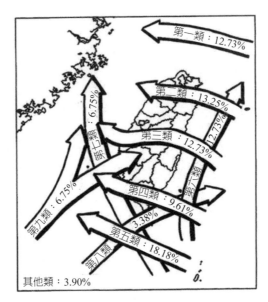

圖 4-8　影響臺灣地區颱風路徑分類圖（1911～2021）（颱風百問，中央氣象局，2022）

圖 4-9　燦樹颱風（2021/09/11）紅外線雲圖（中央氣象局，2021）

4-4 平均雨量

　　估算流域或集水區平均暴雨事件降雨或某期間如每年、月的平均降雨量都需要平均雨量。平均雨量以深度單位表示，如英吋或公厘。最常用來估算流域或集水區平均雨量有徐昇氏法和等雨量線法。

一、徐昇氏法（Thiessen Method）

(一) 將三個雨量站以直線連接，形成三角形，當流域或集水區有三個以上雨量站時，可以連成許多個三角形，如圖 4-11 藍色線條。

(二) 求得並繪製三角形三邊的垂直平分線，如圖 4-12 紅色線條。

(三) 三條垂直平分線會相交於一點，為三角形的外心。

(四) 當流域或集水區有三個以上雨量站時，可以連成這些外心，形成多個多邊形網。

(五) 各個多邊形面積即為每個雨量站所控制的範圍或權重。

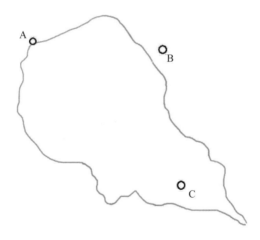

圖 4-10　流域內或鄰近有三個雨量站

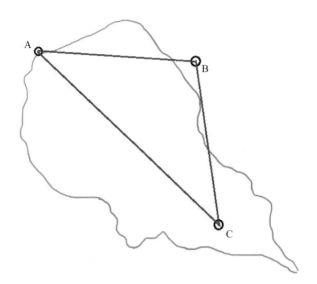

圖 4-11　以直線連接雨量站

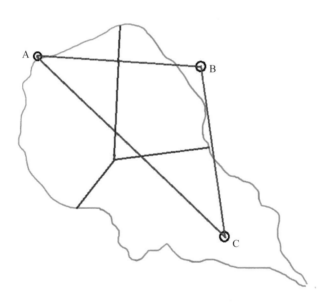

圖 4-12　以徐昇氏法求得各雨量站權重

二、等雨量線法（Isohyetal Method）

等雨量線法爲估算流域或集水區平均雨量最精確的方法。

(一) 將位於流域或集水區內，或鄰近雨量站及其雨量點繪於流域或集水區範圍圖上，如圖 4-13 所示。

(二) 將每兩個雨量站雨量做內差。

(三) 將相同雨量的點連成線，即爲等雨量線，如圖 4-15。

(四) 以求積儀或 GIS 軟體求得兩相鄰等雨量線間的面積，再乘以相鄰等雨量線的平均雨量值，加總後除以流域或集水區面積即爲平均雨量。

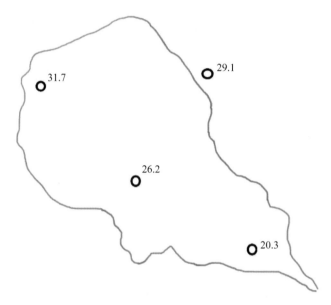

圖 4-13　標記雨量站及其雨量

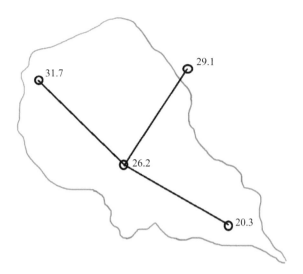

圖 4-14　內差每兩個雨量站雨量

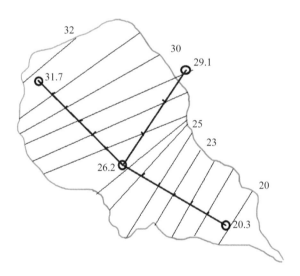

圖 4-15　連結相同雨量值形成等雨量線

4-5 臺灣地區年降雨量

　　藉由水利署 205 座雨量站，以及台灣電力公司 28 座雨量站的資料統計分析，中華民國 110 年臺灣地區年平均雨量為 2,633 公厘。其中，南部地區 3,255 公厘最多，接著為北部地區，2,762 公厘；東部地區，2,432 公厘，中部地區最少，為 2,100 公厘。

　　當每年的 5 月到 10 月為豐水期；11 月到隔年 4 月為枯水期時，如圖 4-16 所示，110 年豐水期間，各水資源分區的雨量多寡順序和年平均雨量排序一致。南部地區最多，為 3,112 公厘，其次為北部地區，1,958 公厘，東部地區，1,949 公厘，中部地區最少，1,882 公厘。不同的是，各水資源分區於枯水期間的雨量多寡順序與年平均雨量排序並不一致。北部地區最多，為 804 公厘，其次為東部地區，483 公厘，中部地區，218 公厘，南部地區最少，為 143 公厘。豐枯比越大表示降雨量越不均勻，對於農業、工業和生活用水的供水調節更為嚴苛。各水資源分區的豐枯比（%）以南部地區最大，為 96：4，其次為中部地區，90：10，東部地區，80：20，北部地區最少，為 71：29。臺灣全區為 86：14。

表 4-7　臺灣地區水資源分區 110 年平均雨量表

區域別	面積（km²）	年平均雨量（mm）	豐水期（5～10月）	枯水期（11～4月）	豐枯比（%）
北部	7,347	2,762	1,958	804	71:29
中部	10,507	2,100	1,882	218	90:10
南部	10,002	3,255	3,112	143	96:04
東部	8,144	2,432	1,949	483	80:20
臺灣地區	36,000	2,633	2,256	377	86:14

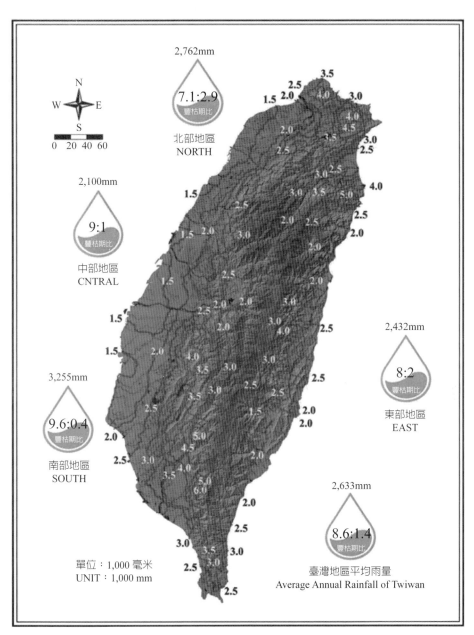

2,762mm
7.1:2.9
豐枯期比
北部地區
NORTH

2,100mm
9:1
豐枯期比
中部地區
CNTRAL

3,255mm
9.6:0.4
豐枯期比
南部地區
SOUTH

2,432mm
8:2
豐枯期比
東部地區
EAST

2,633mm
8.6:1.4
豐枯期比
臺灣地區平均雨量
Average Annual Rainfall of Twiwan

單位：1,000 毫米
UNIT：1,000 mm

圖 4-16　110 年臺灣地區平均雨量分布（中華民國 110 年臺灣水文年報
　　　　總冊，經濟部水利署，2021）

4-6 世界各國年降雨量和用水量比較

採用 2022 年 Worldometer 的 180 國用水量紀錄和目前為止能夠取得的 2017 年各國的年降雨量資料分析，得到：

一、年降雨量：哥倫比亞（Colombia）最多，為 3,240 公厘；埃及（Egypt）最少，為 18 公厘。臺灣為 2,601 公厘，排名第 9 高。180 國年平均降雨量為 1,137 公厘。

二、每人年分配雨量：蘇里南（Suriname）最多，為 755,796 立方公尺；世界第一降雨深度哥倫比亞（Colombia）的每人年分配雨量為 82,584 立方公尺，排名第22高。巴林（Bahrain）最少，為70.14立方公尺。臺灣為3,992 立方公尺，排名第 146 高。世界每人年分配雨量為 42,843 立方公尺。

三、每人天用水量：土庫曼斯坦（Turkmenistan）最多，為 16,281 公升；接著，有一大段落差，為智利（Chile），5,935 公升，剛果民主共和國（DR Congo）最少，為 34 公升。臺灣為 282 公升，排名第 142 高。180 國平均每人天用水量為 1,333 公升。

四、每人年用水量：土庫曼斯坦（Turkmenistan）最多，為 5,943 立方公尺；第二高為智利（Chile），2,166 立方公尺；第三高為圭亞那（Guyana），為 1,928 立方公尺；剛果民主共和國（DR Congo）最少，為 12 立方公尺。臺灣為 97.3 立方公尺，排名第 145 高。180 國每人年用水量為 485 立方公尺。

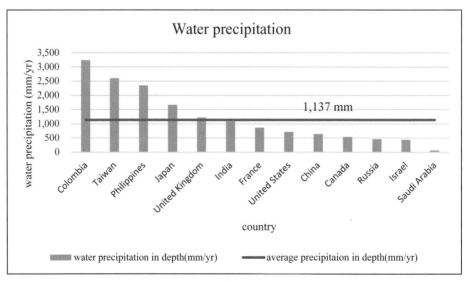

圖 4-17　臺灣與其他國家年降雨量比較

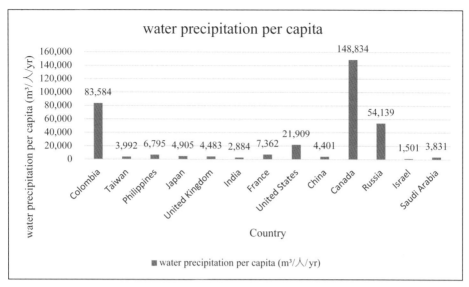

圖 4-18　臺灣與其他國家每人年分配降雨量比較

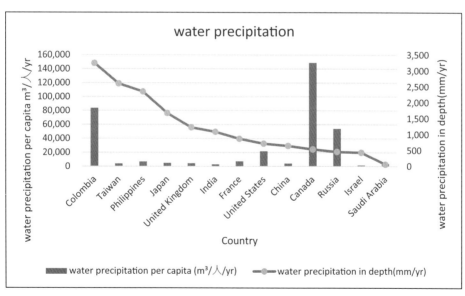

圖 4-19　臺灣與其他國家年降雨量與每人年分配降雨量比較

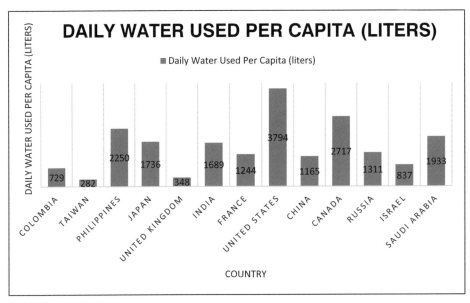

圖 4-20　臺灣與其他國家每人天用水量比較

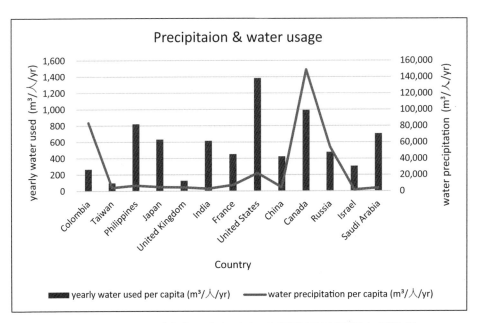

圖 4-21　臺灣與其他國家每人年分配降雨量與用水量比較

表 4-8　臺灣地區 110 年自來水生活用水量統計

縣市別	生活用水量（立方公尺）	年中供水人數（人）	每人每日生活用水量（公升）
總計	2,293,426,095	22,290,384	282
新北市	446,321,850	3,937,555	311
臺北市	308,374,892	2,558,535	330
桃園市	213,737,584	2,191,580	267
臺中市	272,952,412	2,716,376	275
臺南市	181,450,363	1,850,647	269
高雄市	264,099,389	2,660,966	272
宜蘭縣	45,087,026	432,718	285
新竹縣	48,913,982	511,882	262
苗栗縣	42,313,146	460,216	252
彰化縣	98,909,219	1,191,222	227
南投縣	38,955,436	396,074	269
雲林縣	63,914,832	638,244	274
嘉義縣	43,641,791	454,038	263
屏東縣	43,457,786	499,453	238
臺東縣	18,463,932	180,230	281
花蓮縣	30,271,572	289,834	286
澎湖縣	8,274,853	99,014	229
基隆市	39,881,874	363,881	300
新竹市	49,950,406	448,080	305
嘉義市	27,700,356	265,081	286
金門縣	5,922,167	133,381	122
連江縣	831,227	11,380	200

4-7 臺灣降雨量分析

　　彙整經濟部水利署民國 25 年至民國 110 年，共 86 本水文年報。民國 59 年以前的年平均雨量以民國 38 年到 79 年的平均值，2,515 公厘代表。當圖 4-22 中橘色點為自民國 38 年到資料年的平均降雨量時，則從 1970 年到 2021 年以來，高年平均雨量值有越來越高的趨勢，同時低年平均雨量值也有越來越低的趨勢，亦即澇、旱年越來越明顯。

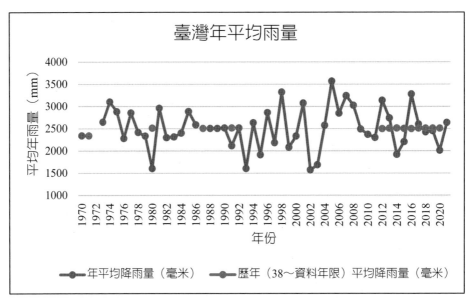

圖 4-22　臺灣年平均雨量圖（1970～2021）

　　整理前 10 大高年平均雨量，如圖 4-23 所示，並比對內政部消防署 2022 年的「臺灣地區天然災害損失統計表（47 年至 110 年 12 月）」得知，如表 4-8 臺灣前 10 大高年平均雨量及其災情概述所示，高年平均雨量會伴隨災害發生，但是不見得較高平均降雨量會有較大災害，畢竟災害發生是侷限在高強度降雨那一段期間。

圖 4-23　臺灣前 10 大高年平均雨量年份

表 4-9　臺灣前 10 大高年平均雨量及其災情概述

年份	年平均降雨量（毫米）	災情概述	主要肇災颱風、豪雨
2005	3,568	6 次颱風、水患；傷亡 201 人；房屋倒塌 170 戶	海棠、泰利、龍王
1998	3,322	6 次颱風、水患；傷亡 84 人；房屋倒塌 56 戶	瑞伯
2016	3,278	8 次颱風、水患；傷亡 1,112 人；房屋倒塌 444 戶	尼伯特、莫蘭蒂、梅姬
2007	3,241	8 次颱風、水患；傷亡 170 人；房屋倒塌 139 戶	科羅莎
2012	3,139	14 次颱風、水患；傷亡 60 人；房屋倒塌 146 戶	蘇拉、0610 豪雨
1974	3,103	3 次颱風；傷亡 115 人；房屋倒塌 718 件	范迪、貝絲
2001	3,077	8 次颱風；傷亡 939 人；房屋倒塌 2,624 件	奇比、桃芝、納莉
2008	3,025	10 次颱風、水患；傷亡 161 人；房屋倒塌 83 戶	卡玫基、辛樂克、薔蜜
1981	2,961	8 次颱風、水患；傷亡 132 人；房屋倒塌 2,195 件	莫瑞、0528、0903 豪雨
1985	2,883	7 次颱風、水患；傷亡 71 人；房屋倒塌 41 件	海爾、尼爾森

　　同樣地，整理前 10 個低年平均雨量年份，並蒐集有關乾旱災情的地方新聞，如圖 4-24 和表 4-10 臺灣前 10 個低年平均雨量年份及其災情概述所示，

和高年平均雨量一樣，低年平均雨量會伴隨災害發生，但是不見得較低平均降雨量會有較大乾旱災害；與高年平均雨量不同的是，低年平均雨量所導致的乾旱災情經常會延長到隔年春天，主要是因為臺灣的水資源來源有大部分來自颱風帶來的雨量。

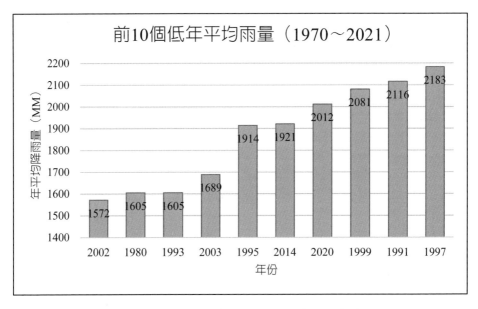

圖 4-24　臺灣前 10 個低年平均雨量年份

表 4-10　臺灣前 10 個低年平均雨量年份及其災情概述

年份	年平均降雨量（毫米）	災情概述
2002	1572	大台北地區減壓、減量供水；休耕
1980	1605	
1993	1605	基隆向外縣市借水；金門、屏東大乾旱
2003	1689	
1995	1914	
2014	1921	農地休耕、減量供水、限水
2020	2012	減壓、減量供水；輪流供水；休耕
1999	2081	
1991	2116	
1997	2183	

　　依據中央氣象局的資料顯示，從民國前 5 年開始到民國 67 年，臺灣地區共發生五次大乾旱，分別是 1910、1934、1954、1970、1978。另外，也搜尋到 2021、2015 和 2002 年也發生過大乾旱。未來需要更多時間搜尋相關乾旱訊息及其災情。

　　臺灣地區 2004～2019 年的年度標的用水量如圖 4-25 所示，由圖中得知，各年度標的用水都是以農業用水量最多，其次為生活用水量，工業用水量最少。臺灣地區 2004～2019 年的平均年雨量和總用水量比較如圖 4-26 所示。

　　以 2019 年的總用水量，$16.739 \times 10^9 \mathrm{m}^3$，配合當年的年平均雨量，2,197.2 公厘，換算得總降雨體積，$79.519 \times 10^9 \mathrm{m}^3$。臺灣地區的總降雨體積大於總用水量，理論上不應該有缺水的問題；由於臺灣地區坡陡流急、河流長度短小，加上能夠構築水庫蓄水的地點不多，水庫蓄水量有限，導致降雨逕流很快出流入海，才會成為降雨體積大於總用水量，但是卻有缺水威脅的國家。

圖 4-25　臺灣地區 2004～2019 年的年度標的用水量

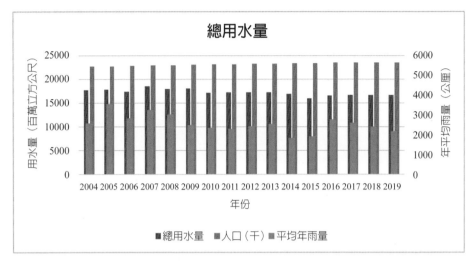

圖 4-26　臺灣地區 2004～2019 年的平均年雨量和總用水量比較圖

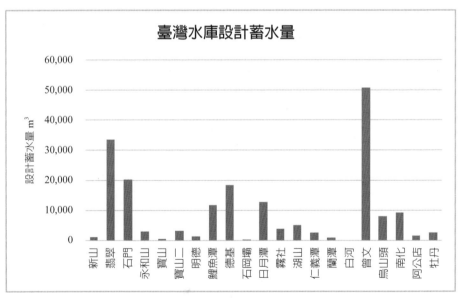

圖 4-27　臺灣水庫設計水量

第5章
降水損失

5-1 蒸發

在整個降水-逕流過程中，流域上方的降水量並不會全部轉爲逕流量，降水量和逕流量的差值稱降水損失（Precipitation loss），降水損失包含蒸發（水面蒸發和土壤蒸發）、蒸散、截留、窪蓄和入滲等。

蒸發（Evaporation）係水或冰因爲吸收熱能轉變成水汽的過程。蒸散（Transpiration）則是水汽自植物體向外逸散於大氣的過程。蒸發和蒸散的總合稱蒸發散（Evapotranspiration）。地表、河流、湖泊或海洋的水分因爲太陽照射導致溫度升高到一定程度而蒸發，以及水汽自植物體蒸散，成爲大氣的一部分，也是自然界水循環的重要途徑。土壤蒸發量和水面蒸發量的測定，在農業生產和水文工作上非常重要。雨量稀少、地下水源及河川流量不多的地區，如蒸發量很大，很容易發生乾旱。表 5-1 爲蒸發的相關名詞說明。

表 5-1　蒸發名詞說明

名詞		說明
蒸發	Evaporation	水或冰因爲吸收熱能轉變成水汽的過程
蒸散	Transpiration	水汽自植物體向外逸散於大氣的過程
蒸發散	Evapotranspiration	蒸發和蒸散的總合

一、水面蒸發

影響水面蒸發的主要因素有溫度、濕度、氣壓、水深、表面積、風速和水質等七項。表 5-2 爲影響水面蒸發的因素。

表 5-2　影響水面蒸發的因素

項目	影響因素	影響結果
1	溫度	水溫越高，蒸發越快
2	濕度	空氣的濕度越高，蒸發越慢
3	氣壓	氣壓越高的區域，蒸發越慢
4	水深	水深越淺，蒸發越快
5	表面積	物體的表面積越大，蒸發越快
6	風速	風速越高，蒸發越快
7	水質	水體內雜質濃度越高，蒸發越慢

二、蒸發量

蒸發量為實際觀測濕度和同溫度飽和空氣濕度的差值。目前最常用來觀測蒸發量的方法為蒸發皿觀測法。蒸發皿觀測法有很多種，所得結果也都不一樣。表 5-3 為各類蒸發皿。

表 5-3　各類蒸發皿

國別	單位	型式	說明
美國	氣象局	A 陸式	直徑 4 呎（122 公分），高 10 吋（25.4 公分），皿內 7～8 吋（18～20 公分）水深，係數：0.7
	植物工業局	埋入式	直徑 6 呎（183 公分），2 呎（61 公分）深，皿內水面與地面同高，皿緣高於地面 4 吋（10 公分），係數：0.95
	科羅拉多	埋入式	3 呎 ×3 呎（91 公分 ×91 公分），18 吋～3 呎（46～91 公分）深，皿內水面與地面同高，皿緣高於地面 4 吋（10 公分），係數：0.78
	地調所	浮式	3 呎 ×3 呎（91 公分 ×91 公分），18 吋（46 公分）深，置於水面上，皿內水面與地面同高，皿緣高於地面 4 吋（10 公分），係數：0.8
俄羅斯	水文氣象局	埋入式	直徑 61.8 公分（面積 3,000 平方公分），55 公分深，皿緣高於地面 5 公分
我國	氣象局	A 陸式	直徑 120 公分，皿內 20 公分水深，設置於 5～40 公分高的混凝土塊上
		陸式	直徑 20 公分，高 10 公分，設置於 30 公分高的混凝土塊上

三、蒸發量估算

自由水面蒸發量主要是藉由經驗公式估算，這類公式大都依據達爾頓（Dalton）公式的概念推導而得。

$$E = kf(u)(e_0 - e_a)$$

式中，k：常數；f(u)：風速函數；e_0：與水面溫度相同的飽和蒸汽壓，吋（in）；e_a：距水面高度 a 的實際蒸汽壓，吋（in）

自由水面蒸發量可以依下列方程式估算：

$$E = (25 + 19u)A(e_0 - e_a)$$

式中，E：蒸發量（kg/hr）；u：水面風速（m/s）；A：水面積（m^2）；e_0：

與水面溫度相同的飽和空氣最大濕度（kg/kg）（水重／乾空氣重）；e：空氣濕度（kg/kg）（水重／乾空氣重）。

依據 Darius Jakimavicius（2013）於 Curonian Lagoon 測試結果，發現 Thornthwaite, Schendel 和 Vikulina 等三個經驗公式可以得到滿意的估算結果。

表 5-4　蒸發散量估算公式

類別	方程式
溫度	Thornthwaite, 1948: $ET_0 = \dfrac{16\mu N}{360}\left(\dfrac{10 \times T}{I}\right)^a$ Schendel, 1967: $ET_0 = \dfrac{16T}{RH}$ Hargreaves & Samani, 1985: $ET_0 = 0.408 \times 0.003 \times R_a(T + 20)(T_{max} - T_{min})^{0.4}$ $ET_0 = 0.408 \times 0.0025 \times R_a(T + 16.8)(T_{max} - T_{min})^{0.5}$

四、土壤蒸發量

土壤蒸發量為土壤中的水分吸收熱量後經過汽化進入大氣的量體。當陸地面積比水面面積大時，土壤蒸發量有可能會比水面蒸發量大。

土壤中的水分都可以稱土壤水。水分附著於土壤顆粒乃是土壤顆粒或團粒與水分之間有引力存在。分開土壤顆粒或團粒與水分所需施加的壓力稱土壤水分張力。張力以水柱高度（厘米）的對數值，pF 表示。例如：水柱高度是 100 厘米，pF = log(100) = 2。

根據土壤吸附水分的力的大小依序為：吸著水、薄膜水、毛細水和重力水四大類。

(一) 重力水

重力水下滲到不透水層時會成為飽和土壤帶的地下水，足夠高度地下水位的地下水會藉由毛細作用成為毛細水；太高則會影響土壤通氣性。太低的地下水位則無法補充毛細水。重力水影響土壤蒸發作用主要是補充毛細水。重力水雖然能被植物吸收，但因為下滲速度很快，實際上被植物利用的機會很少。

(二) 毛細水

毛細水是土壤蒸發作用的主要水源。當土壤孔隙介於 0.1～0.001 公厘時，毛細作用最明顯；孔隙太大則不會發生毛細作用。水分藉由毛細作用自不飽和土壤帶往地表移動，當地表的熱量足夠讓近地表土壤的水分汽化時，毛細作用會讓土壤水分快速向上移動，直到土壤含水量降低到毛細作用停止為止。土壤對毛細水的吸引力只有 pF 值 2.0～3.8，水分可以縱、橫向自由移動，植物根系的吸水力大於土壤對毛細水的吸力，所以毛細水不僅水分容易被植物根系吸收，毛細水中溶解的養分也一併被植物吸收利用。

(三) 薄膜水

薄膜水受到的引力比吸著水小，一般為 pF 值 4.5～3.8，所以能由水膜厚的土粒向水膜薄的土粒方向移動，但是移動的速度緩慢，蒸發作用越來越慢，蒸發量越來越小。薄膜水雖然能被植物根系吸收，量少且無法及時補給植物的需求，屬於植物的弱有效水分。

(四) 吸著水

當蒸發作用使得土壤水分降低到毛細作用無法進行時，介於毛細水和吸著水的土壤水分還是可以吸收熱量汽化，只是蒸發作用越來越慢，蒸發量越來越小，直到土壤水分全部只剩下無法汽化的吸著水為止。吸著水受到土壤顆粒的引力很大，由內而外的 pF 值分別為 7.0 和 4.5。吸著水無法移動，無溶解力，植物不能吸收，重力也無法使其移動，屬於植物的無效水分。

四種類型的水分在一定條件下可以相互轉化，例如：超過薄膜水的水分即成為毛細水；超過毛細水的水分成為重力水；重力水下滲聚積成地下水；地下水上升又成為毛細水；當土壤水分大量蒸發時就只剩下吸著水。

表 5-5　土壤蒸發過程

類別		說明
重力水	gravitational water	補充毛細水
毛細水	capillary water	土壤蒸發的主要水源
薄膜水	film water	土壤蒸發作用小
吸著水	hydroscopic water	土壤蒸發無法作用

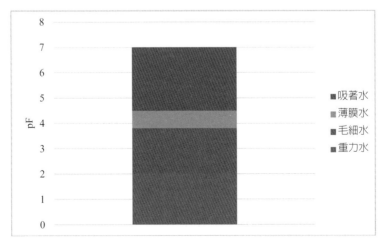

圖 5-1　各類型土壤水的 pF 值

5-2 截留

截留（Interception）為降水在沒有到達地表前，就先降落在植物體或建築物表面，無法到達地表就因為蒸發作用再回到大氣的過程。窪蓄（Depression storage）則為降水降落在地表低窪處，形成積水無法匯集成地表逕流。雖然在暴雨事件分析過程中，截留和窪蓄經常會被忽略不計，但是在森林或濕地區域，有文獻顯示截留量可以高達降水量的 25%。

森林區或樹林的截留損失可以下列質量守恆公式表示：

$$L_v = P - P_t - Q_s$$

式中，L_v：樹冠投影面積的截留損失；P：林冠上的降水量；
P_t：降水穿過林冠到達地面的穿落量；
Q_s：降水沿著樹幹流到地表的幹流量

Horton（1919）提出截留損失為暴雨末期儲存在植物體表面後再次蒸發到大氣的水分和暴雨期間淋濕植物體蒸發量的總和。

$$L = S + RET$$

式中，L：樹冠投影面積的截留損失，吋；S：樹冠投影面積的蓄存水量，吋；
R：樹冠投影面積的植生覆蓋率，%；E：暴雨期間的蒸發率，吋；
T：暴雨延時，小時

Horton 也發現每場暴雨的截留損失和降水之間存在線性關係

$$I = S + KP_s$$

I：每場暴雨的截留損失；P_s：每場暴雨的降水量

Linsley, Kohler & Paulhus（1949）鑒於每場降雨不會完整灌滿有效蓄存量，建議將模式修正為：

$$L = S + RET(1 - e^{-cP})$$

式中，P：降水量；c：常數

Merriam（1960）以蓄存量初期為指數函數型態；而非暴雨期間的蒸發，而認為指數函數僅能應用在蓄存量。

表 5-6　截留損失公式

類別	公式
質量守恆	$L_v = P - P_t - Q_s$
Horton（1919）	$L = S + RET$ $I = S + KP_s$
Linsley, Kohler & Paulhus（1949）	$L = S + RET(1 - e^{-cP})$

圖 5-2　樹冠可以發揮截留降水效果，降低直接降落到地表的降水量

5-3 窪蓄

窪蓄（Depression storage）為降水降落在地表低窪處，形成積水無法匯集成地表逕流。窪蓄有三種型態：

1. 沼澤：地表長期積水、排水不良導致土壤水分經常飽和，多濕性植物和沼澤植物生長，有泥炭累積或雖無泥炭累積但有潛育層存在的土地。沼澤為濕地次級分類單位。

2. 濕地：天然或人為、永久或暫時、靜止或流動、淡水或鹹水或半鹹水之沼澤、潟湖、泥煤地、潮間帶、水域等區域，包括水深在最低低潮時不超過六公尺之海域。為達成生態、滯洪、景觀、遊憩或污水處理等目的所模擬自然而建造的濕地稱人工濕地。

3. 湖泊或水庫：具有一定面積，水流相對靜止，不會和海洋發生直接聯繫的天然窪地稱湖泊。人為攔阻水流，蓄存水量的窪地稱水庫。

Merriam（1960）以蓄存量初期為指數函數型態而認為指數函數僅能應用在蓄存量。

$$L = S_a(1 - e^{-cP})$$

式中，S_a：窪蓄有效蓄存量

表 5-7　窪蓄型態

類別	說明
沼澤	地表長期積水、排水不良導致土壤水分經常飽和，多濕性植物和沼澤植物生長，有泥炭累積或雖無泥炭累積但有潛育層存在的土地
濕地	天然或人為、永久或暫時、靜止或流動、淡水或鹹水或半鹹水之沼澤、潟湖、泥煤地、潮間帶、水域等區域，包括水深在最低低潮時不超過六公尺之海域 為達成生態、滯洪、景觀、遊憩或污水處理等目的所模擬自然而建造的濕地稱人工濕地
湖泊、水庫	具有一定面積，水流相對靜止，不會和海洋發生直接聯繫的天然窪地稱湖泊 人為攔阻水流，蓄存水量的窪地稱水庫

影響窪蓄的因子有地形、坡度、土壤質地和結構、土地利用、前期降雨和降雨延時等。

表 5-8 影響窪蓄因子

項目		說明
地形		凹凸不平的地形比均勻平坦者容易產生窪蓄
坡度		緩平坡度的窪蓄量較陡峻坡度的窪蓄量大
土壤	質地	土壤的砂、坋土和黏土比率不同會有不同孔隙率，大孔隙率的窪蓄量小
	結構	孔隙率會因為土壤顆粒的排列狀態而異
土地利用		入滲量因不同土地利用而異。剛耕犁過的農地入滲量大；高入滲量窪地的窪蓄量小
前期降雨		前期降雨量會減少有效窪蓄量
降雨延時		降雨總量小於有效窪蓄量則全部蓄存；長延時降雨的降雨總量大於有效窪蓄量時則多餘水量會發生溢流

圖 5-3 具有窪蓄功能的日月潭

5-4 入滲

入滲爲水分經地表向下滲入土壤的現象。

一、名詞說明

表 5-9　入滲名詞說明

名詞		說明
入滲	Infiltration	水分經地表向下滲入土壤的現象
滲漏	Percolation	穿過地表的水分受重力影響繼續在土壤或岩層縫隙向下流動的現象
中間流	Interflow	穿過地表的水分在地表下土壤依地表平行方向流動
入滲率	Infiltration rate	單位時間的入滲量
入滲指數	Infiltration index	降雨期間的平均入滲率
入滲量	Infiltration capacity	土壤於特定狀態下的最大入滲率
總入滲量	Cumulative infiltration	某一時間的總入滲量

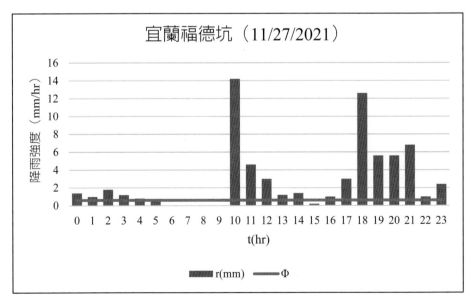

圖 5-4　宜蘭福德坑入滲指數（11/27/2021）

二、入滲影響因素

影響入滲的因素包括降水型態、土壤質地、土壤結構、土壤初始含水量、土壤空氣含量、土壤化學作用、地形、坡度、土地利用、地表覆蓋、含沙濃度、溫度等。

表 5-10　入滲影響因素

項目		說明
降水型態		降雨強度低於入滲率時，所有降水會全部入滲 降雨強度超過入滲率時，地表逕流就會出現
土壤	質地	土壤的砂、坋土和黏土比率不同會有不同孔隙率 崩積層或水保橫向構造物上游的淤積堆有較大入滲量
	結構	孔隙率會因為土壤顆粒的排列狀態而異
	臨前含水量	小臨前含水量會有大入滲量；大臨前含水量為小入滲量
	空氣含量	空氣含量多在高降雨強度降雨中容易產生入滲阻塞
	化學作用	雨水和高溶解性物質作用容易形成土壤孔隙；也有雨水侵蝕後產生的碎屑可能阻塞孔隙
地形		平坦地形的入滲量大；陡峻地形的入滲量小
坡度		緩平坡度的入滲量較陡峻坡度的入滲量大
土地利用		入滲量因不同土地利用而異。剛耕犁過的農地入滲量大；不透水鋪面沒有入滲作用
地表覆蓋		廣大覆蓋範圍的入滲量較小範圍大
水質	含沙濃度	高含沙濃度的雨水入滲量小
	溫度	低溫黏滯性高會有較小的入滲量

三、入滲量估算

入滲量經常採用 Horton infiltration model 估算：

$$f = f_c + (f_0 - f_c)e^{-kt}$$

式中，

f：入滲量；f_c：入滲作用趨近於固定的最小入滲率；

f_0：土壤於入滲開始得最初入滲率；k：入滲率隨時間遞減的控制常數；

t：時間

當各項參數如，入滲量與時間的關係如表 5-11。

表 5-11　入滲曲線參數值

參數	f_c	f_0	k
數值	0.001	0.15	0.02

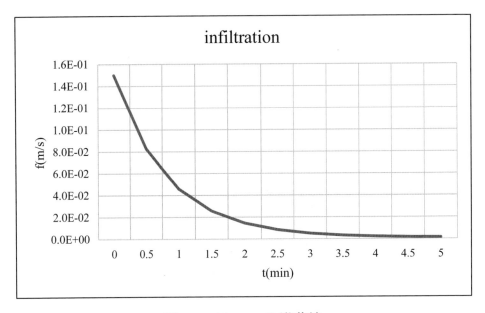

圖 5-5　Horton 入滲曲線

　　當臨前含水量不同時，入滲曲線也有不同結果。降雨開始時期的土壤含水量高表示臨前含水量大，這時期的入滲率會變小，如圖 5-6 的藍線（f_1），入滲速度會較小臨前含水量（綠線，f_{02}）慢，最後兩者再趨近於固定的最終入滲率。

表 5-12　不同臨前含水量

參數	f_0	f_c	k
f_1	0.15	0.001	0.02
f_{02}	0.6		

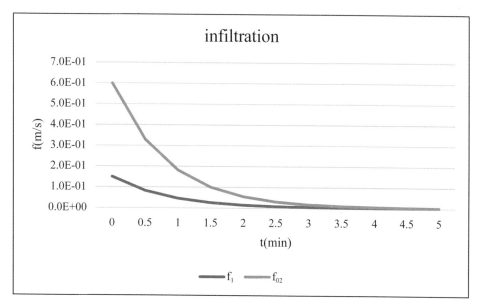

圖 5-6　不同臨前含水量的入滲曲線

　　表 5-13 為各類土壤的最終入滲率，從表中數據知道，大顆粒的礫石、砂土的最終入滲率會比小粒徑黏土大。

表 5-13　土壤最終入滲率

土層分類描述	粒徑 D_{10}（mm）	統一土壤分類	最終入滲率 f_c（m/s）
不良級配礫石	0.4	GP	
良級配礫石		GW	
沈泥質礫石		GM	10^{-5}
黏土質礫石		GC	
不良級配砂		SP	
良級配砂	0.1	SW	
沈泥質砂	0.01	SM	10^{-6}
黏土質砂		SC	
泥質黏土	0.005	ML	
黏土	0.001	CL	10^{-7}
高塑性黏土	0.00001	CH	

　　爲了突顯不同土壤質地最終入滲率對入滲的影響，將最終入滲率分別假設爲 0.001、0.035 和 0.06 繪出入滲曲線如圖 5-6。自圖 5-6 可以看出：最終入滲率較大者的初期入滲速度較快；較小最終入滲率則較慢。

表 5-14　不同土壤質地參數值

參數	f_c	f_0	k
f_1	0.001	0.15	
f_2	0.035	0.3	0.02
f_3	0.06	0.6	

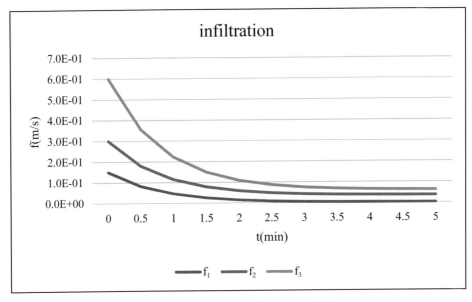

圖 5-7　不同土壤質地入滲曲線

　　Horton 指出模式中的 k 值係入滲率隨時間遞減的控制常數，可以推論和土壤的傳導係數有關，表 5-15 爲建築基地保水設計技術規範修正規定（2012）的土壤最終入滲率與傳導係數簡易對照表，雖然傳導係數與土壤顆粒結構、排列有關，在沒有田間調查資料時，可以採用土壤質地作爲估算參考使用。自表 5-15 內容可以瞭解，土壤傳導係數和最終入滲率有正比關係，亦即土壤顆粒粒徑越大，最終入滲率和傳導係數就越大；反之越小。圖 5-8 可以看出如礫石、砂土等大顆粒粒徑土壤的初期入滲速度很快，接著再慢慢趨近於最終入滲率；小顆粒黏土的初期入滲速度較緩慢，經過較長時間才趨近於最終入滲率。

表 5-15 土壤最終入滲率與水力傳導係數簡易對照表（建築基地保水設計技術規範修正規定，2012）

土質	砂土	坋土	黏土	高塑性黏土
最終入滲率 f（m/s）	10^{-5}	10^{-6}	10^{-7}	
水力傳導係數 C（m/s）	10^{-5}	10^{-7}	10^{-9}	10^{-11}

表 5-16 不同 k 值

參數	k	f_e	f_0
f_1	0.02		
k_2	0.01	0.001	0.15
k_3	0.005		

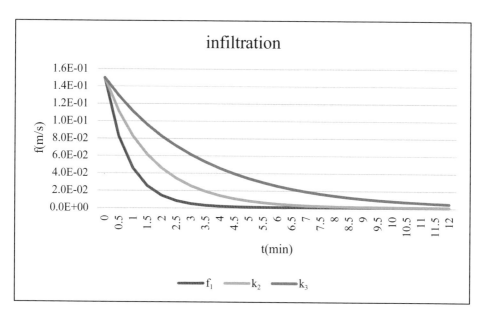

圖 5-8 不同 k 值的入滲曲線

　　內政部 2021 年公布生效的建築基地保水設計技術規範所指的基地保水指標
為建築基地涵養雨水之貯集滲透性能。

表 5-17　各類保水設計之保水量計算及變數說明

項目	各類保水項目	保水量 Q_i（m^3）計算公式	變數說明
常用保水項目	綠地、被覆地、草溝	$Q_1 = A_1 \cdot f \cdot t$	A_1：綠地、被覆地、草溝面積（m^2），草溝面積可算入草溝立體周邊面積
	透水鋪面	$Q_2 = 0.5 \cdot A_2 \cdot f \cdot t + 0.05 \cdot h \cdot A_2$（連鎖磚型） $Q_2 = 0.5 \cdot A_2 \cdot f \cdot t + 0.3 \cdot h \cdot A_2$（通氣管結構型）	A_2：透水鋪面面積（m^2） h：透水鋪面級配層厚度（m）≤ 0.25 （若基層為混凝土等不透水面積，則 $Q_2 = 0$）
	人工地盤花園土壤貯集設計	$Q_3 = 0.05 \cdot V_3$	V_3：花園土壤設施總設置體積（m^3），最多計入深度 0.6 m 以內之體積
特殊保水項目	貯集滲透空地或景觀貯集滲透池	$Q_4 = 0.36 \cdot A_4 \cdot f \cdot t + V_4$	A_4：貯集滲透空地面積或景觀貯集滲透水池可透水面積（m^2），池深安全根據規定 6.4 V_4：貯集滲透空地可貯集體積或景觀貯集滲透水池高低水位間之體積（m^3）
	地下貯集滲透設施	$Q_5 = 0.36 \cdot A_5 \cdot f \cdot t + r \cdot V_5$	A_5：地下貯集滲透設施可透水區域之總側表面積（m^2），底部面積不予計算 r：孔隙率，礫石貯集設施為 0.2，組合式蓄水框架為 0.9。 V_5：蓄水貯集空間體積（m^3），但若為礫石貯集時則最多計入地表深度 1 m 以內之體積
	滲透管	$Q_6 = (2.88 \cdot x^{0.2} \cdot f \cdot L_6 \cdot t) + (0.1 \cdot L_6)$	L_6：為滲透管總長度（m） x：開孔率，無單位，以小數點表示之
	滲透陰井	獨立滲透設計 $Q_7 = (1.08 \cdot f \cdot n \cdot t) + (0.015 \cdot n)$ 搭配滲透設計（滲透管或滲透側溝） $Q_7 = (0.54 \cdot f \cdot n \cdot t) + (0.015 \cdot n)$	n：滲透陰井個數（個）
	滲透側溝	$Q_8 = (0.36 \cdot a \cdot f \cdot L_8 \cdot t) + (0.1 \cdot L_8)$	L_8：滲透側溝總長度（m） a：側溝材質為透水磚或透水混凝土為 18.0，紅磚為 15.0

第6章
地下水

6-1 地下水

當降水到達地表後，除了部分蒸發回到大氣外，大部分會以地表逕流和下滲水流兩種型態繼續往海洋或地表深層移動。其中，下滲水流藉由入滲進入非飽和含水層的土壤成為土壤水，以及穿過土壤層沿著岩層縫隙滲漏到飽和含水層成為地下水。

臺灣地下水資源非常豐富，卻因為人口增加、經濟發展快速，導致需水量增加，加上地下水開發成本較地表水水庫、攔河堰等造價低，以及取用方便，而有地下水超抽、沿海低窪地區地層下陷、土壤鹽化現象。

依據岩層的固結性質可以將岩層區分固結岩層和非固結岩層兩大類。固結岩層因為岩層本身含水量低，僅有岩層裂隙、節理或斷層等構造線附近有少量地下水。未固結岩層大都為河相或海相的沉積物，如台地、盆地、河階地、河床或沖積平原等，年代較輕的沖積層因為結構鬆散、孔隙較多，可以涵容大量地下水，也是臺灣地下水的主要來源。

臺灣地下水文監測系統包含臺北盆地、桃園中壢臺地、新苗地區、臺中地區、濁水溪沖積扇、嘉南平原、屏東平原、蘭陽平原和花蓮臺東縱谷等九個地下水水資源分區（如圖 6-2），加上澎湖和金門離島地區，至 2021 年底為止共有 825 口自記式觀測井。

依據中華民國 110 年臺灣水文年報總冊（經濟部水利署，2022）：臺灣地下水觀測網整體計畫針對臺灣地下水超抽及地層下陷較為嚴重的濁水溪沖積扇和屏東平原，建立 145 座水文地質調查站，並且進行水文地質鑽探作業後，釐定這兩個區域的水文地質分層架構及地下水系統概念模式。其中，濁水溪沖積扇含水層主要由礫石層和粗砂層組成；阻水層一由泥層、泥或粉砂層組成，阻水層二、三則由泥層夾細砂層組成。屏東平原含水層一由粗中砂層、其餘含水層由礫石層組成；阻水層由黏土和泥層組成。另外，屏東平原鑽及基岩有：大響（地表下深度 95 m）、枋山（37 m）、響潭（36 m）。整理如下表：

表 6-1　濁水溪沖積扇與屏東平原地下水區地層概述　　　　　　　　單位：m

		濁水溪沖積扇			屏東平原	
	層次	深度	厚度	平均厚度	厚度	平均厚度
1	含水層一	0～103	19～109	42	9～85	47.6
2	阻水層一	35～129	最大厚度 39	14	5～48	17.9
3	含水層二	35～217	76～145	95	4～93	60.2
4	阻水層二底部 B2	140～223	最大厚度 46	23	4～37	17.6
5	含水層三	140～275	42～122	86		
5a	含水層三之一				5～100	73.5
6	阻水層三底部 B3	238～293	最大厚度 28	11	4～24	9.4
7	含水層四	238～313	6～51	24		
7a	含水層三之二				鑽探深度未貫穿本層	

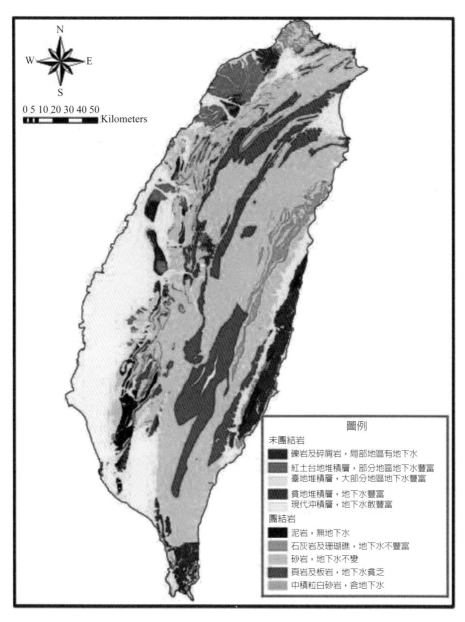

圖例

未團結岩
■ 礫岩及碎屑岩，局部地區有地下水
■ 紅土台地堆積層，部分地區地下水豐富
□ 臺地堆積層，大部分地區地下水豐富
■ 貧地堆積層，地下水豐富
□ 現代沖積層，地下水敢豐富

團結岩
■ 泥岩，無地下水
■ 石灰岩及珊瑚礁，地下水不豐富
□ 砂岩，地下水不變
■ 頁岩及板岩，地下水貧乏
■ 中積粒白砂岩，含地下水

圖 6-1　臺灣地區地下水文地質圖（中華民國 110 年臺灣水文年報總冊，經濟部水利署，2022）

圖 6-2 臺灣地下水水資源分區圖（中華民國 110 年臺灣水文年報總冊，
經濟部水利署，2022）

一、地下水資源

依據地層內水分的分布，如圖 6-3 所示，可以將地層分通氣層（Zone of aeration）和飽和層（Zone of saturation）兩個層次。通氣層內的孔隙包含空氣和水分；通氣層的水分統稱土壤水（soil water），土壤水又可依據土壤水分吸附力不同分重力水、毛細水和吸著水。飽和層內的孔隙全部充滿水，沒有空氣，亦即所謂的地下水。因此地下水位上緣就是飽和層上緣，也是通氣層和飽和層的區分界面。

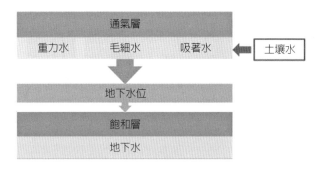

圖 6-3　地層剖面內的水

二、土壤水

土壤顆粒和水分之間存在吸附力使水分附著在土壤顆粒或團粒上，因此，土壤物理學領域使用 pF 值，亦即讓土壤脫水所需要的壓力表示。此一壓力值以水柱高度（cm）表示，其對數值即為 pF 值。也就是 100 公分水柱高可以 pF=2 表示。

表 6-2　名詞說明

項目		說明
烘乾土	Oven-dried soil	以 105°C 烘乾至固定質量時的土壤
風乾土	Air-dried soil	室溫下乾燥的土壤
吸濕係數	Hygroscope coefficient	吸水過程中，乾燥土壤的濕潤總熱量達到最大時的土壤含水量
凋萎係數	Wilting coefficient	植物凋萎且無法存活時的土壤含水量。土壤凋萎含水量一般為 1.3～2.5 倍的吸濕水量
田間容水量	Field capacity	土壤在灌溉或降雨後自然排水結束的含水量，pF～2.53

註：植物可利用的有效水分介於 pF2.54～4.2 之間。

(一) 毛細現象

土壤水的毛細現象又稱毛細管作用，是指土壤水分在土壤細管狀的孔隙內部，因為水分和孔隙間的附著力以及水分的表面張力，產生水分克服地心引力而上升的現象。

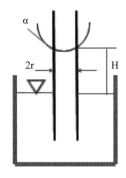

圖 6-4　毛細現象

如圖 6-4 所示，毛細管上升高度公式如下：

$$H = \frac{2\sigma}{\rho gr}\cos\alpha$$

式中，H：毛細管上升高度，m；σ：表面張力係數，J/m^2；
　　　ρ：土壤水分質量密度，kg/m^3；g：重力加速度，m/s^2；
　　　r：毛細管半徑，m；α：接觸角，。

(二) 土壤水分特性曲線

土壤水分特性曲線（The soil-water characteristic curve, SWCC）為土壤水分張力和土壤含水量的關係曲線，可以用來說明非飽和土壤含水量（以體積百分數表示）隨土壤水分張力（以大氣壓力表示）大小的變化。如圖 6-5 所示，級配較好的砂土會有水分張力些微增加而大幅降低土壤含水量的現象，此一現象在土壤水分特性曲線上會出現明顯轉折點，其餘質地土壤的水分特性則沒有像砂土那樣明顯。

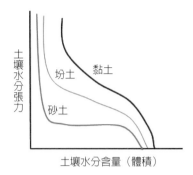

圖 6-5　土壤水分特性曲線

(三) 遲滯現象

　　在同樣水分張力下，乾燥過程中的土壤含水量比吸濕過程大的現象稱水分特性曲線的遲滯現象。圖 6-6 為土壤水分遲滯現象示意圖。

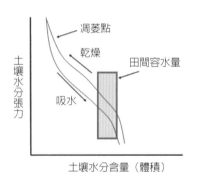

圖 6-6　土壤水分遲滯現象示意圖

6-2 地下水流動

　　1856 年，Henry Darcy 以水流通過砂柱試驗證明，在水頭勢能差的驅動下，產生飽和水層內的土壤水在土壤孔隙間流動，流動速度與水頭損失（水頭勢能差）成正比。

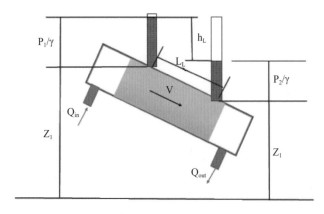

圖 6-7　流過砂柱的水頭損失

　　如圖 6-7 所示，由 Bernoulli 定律

$$H_1 = \frac{P_1}{\gamma} + \frac{V_1^2}{2g} + z_1 = \frac{P_2}{\gamma} + \frac{V_2^2}{2g} + z_2 + h_L = H_2 + h_L$$

　　由於水分在土壤孔隙內的流動速度甚慢，速度水頭，$V^2/2g$ 小到可以忽略不計，因此，

$$h_L = \left(\frac{P_1}{\gamma} + \frac{V_1^2}{2g} \right) - \left(\frac{P_2}{\gamma} + \frac{V_2^2}{2g} \right)$$

　　由 Darcy 定律可知

$$V = \frac{Q}{A} = K \frac{dh_L}{dL}$$

式中，V：土壤孔隙水流流速；K：水力傳導係數；h_L：水頭損失；
　　　L：兩測點間長度

水力傳導係數與土壤顆粒結構、排列有關，在沒有田間調查資料時，可以採用土壤質地作為估算參考使用。建築基地保水設計技術規範修正規定（2012）建議如表 6-3。

表 6-3　不同土壤質地的水力傳導係數

土質	砂土	坋土	黏土	高塑性黏土
水力傳導係數 K（m/s）	10^{-5}	10^{-7}	10^{-9}	10^{-11}

將臺北盆地 2021 年 28 座地下水觀測井平均日水位點繪如圖 6-8 得知，柑園站的地下水位最高，為 18.00 公尺，臺北盆地的平地地區地下水位大都位於 –11.00 公尺以下，鄰近山坡地的平地地區地下水位則位於 –2.0～-3.0 之間。

臺北盆地 28 座地下水觀測井的觀測期間為 6～30 年，選取大漢溪流域最上游的柑園站和最下游的新莊站，將其月平均水位點繪如圖 6-9，以及月平均水位標準偏差列如表 6-4 得知，青年公園和北投兩觀測站的月平均水位標準偏差都在 0.5 以上，顯示者兩站的各月份平均地下水位變動較大，青年公園係汛期和非汛期的地下水位變化；北投站則是 12 月和 1 月的地下水位和其他月份相比較，有偏低的現象。新莊、清溪、三重和蘆洲等站的月平均水位標準偏差都在 0.3 以下，顯示這些觀測站的各月份地下水位變動幅度不大。其中，三重站最小，為 0.21。

臺北盆地 28 座地下水觀測井的月平均水位標準偏差，以敦化南路的 9.75 最大，亦即各月份地下水位變動幅度最大；莊敬站的 0.04 最小。

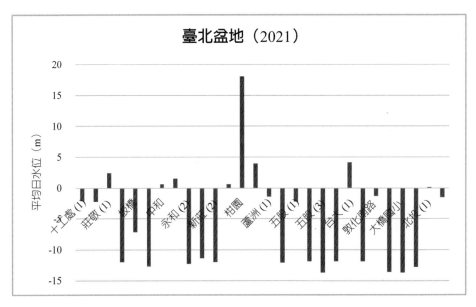

圖 6-8　臺北盆地 2021 年 28 座地下水觀測井平均日水位

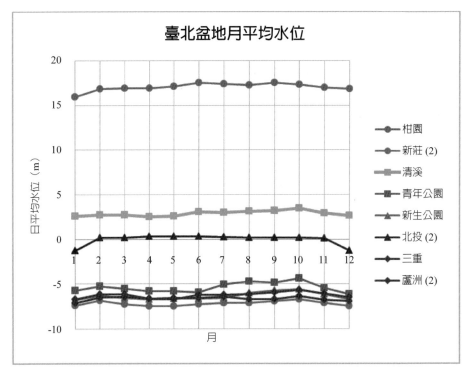

圖 6-9　臺北盆地各流域上下游觀測井月平均水位（6～28 年觀測期間）

表 6-4　臺北盆地各流域上下游觀測井月平均水位標準偏差

流域	站名	標準偏差
大漢溪	柑園	0.41
	新莊 (2)	0.26
新店溪	清溪	0.28
	青年公園	0.53
基隆河	新生公園	0.38
	北投 (2)	0.55
淡水河	三重	0.21
	蘆洲 (2)	0.30

表 6-5　臺北盆地 2021 年各流域地下水觀測井平均日水位

流域	站名	地下水位（m）
大漢溪	柑園	18.00
	省民	3.99
	十工處 (2)	−2.17
	新莊 (2)	−12.02
新店溪	清溪	0.62
	永和 (2)	−12.30
	青年公園	−12.74
基隆河	新生公園	−13.59
	北投 (2)	−1.51
淡水河	三重	−12.69
	蘆洲 (2)	−12.06

表 6-6　臺北盆地 2021 年各流域地下水觀測井平均日水位勢能

流域	站名	地下水位（m）	距離（m）	水位坡降
大漢溪	柑園	18.00	9724.513	0.003087
	新莊 (2)	−12.02		
新店溪	清溪	0.62	4600.065	0.002904
	青年公園	−12.74		
基隆河	新生公園	−13.59	5016.953	−0.00241
	北投 (2)	−1.51		
淡水河	三重	−12.69	3905.186	−0.00016
	蘆洲 (2)	−12.06		

　　從圖 6-8 和表 6-4 得知，臺北盆地 2021 年平均日水位變化。其中，大漢溪流域自上游至下游分別有柑園、省民、十工處和新莊等地下水觀測站。新店溪流域則是清溪、永和青年公園等站。基隆河流域為新生公園與北投站。淡水河主流有三重和蘆洲站。

　　淡水河主流與其三條支流中，如表 6-5 所示，大漢溪流域的地下水位坡降最大，為 0.003087；基隆河流域和淡水河主流的水位坡降都為負值。假設臺北盆地的土壤質地大致相同時，則依據 Darcy 定律可以得到大漢溪流域的地下水流速最快，新店溪流域次之。基隆河流域和淡水河主流有回流現象，其中，基隆河流域的回流流速較快。

圖 6-10 臺北盆地 2021 年平均日地下水位分布圖（編修自中華民國 110 年臺灣水文年報第三部分─地下水，經濟部水利署，2022）

6-3 水井水力學

一、拘限含水層

當水井含水層上、下緣都是不透水層稱拘限含水層（如圖 6-11）。假設含水層為均質且為徑向流時，水井流量可以採用 Dupuit assumption 估算：

$$Q = AV = 2\pi rbK\frac{dh}{dr}$$

積分後得：

$$Q = 2\pi bK\frac{h_0 - h_w}{\ln(r_0/r_w)}$$

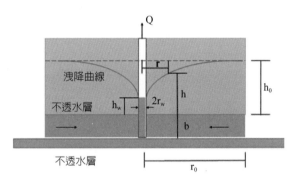

圖 6-11　拘限含水層水井的定量徑向流

二、非拘限含水層

當水井含水層只有下緣是不透水層者稱非拘限含水層（如圖 6-12）。假設含水層為均質且為徑向流時，水井流量可以採用 Dupuit assumption 估算：

$$Q = AV = 2\pi rKh\frac{dh}{dr}$$

積分後得：

$$Q = \pi K\frac{h_0^2 - h_w^2}{\ln(r_0/r_w)}$$

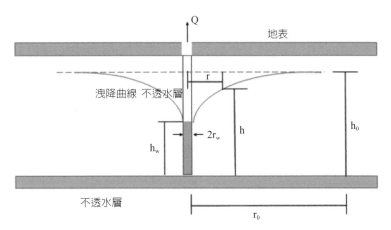

圖 6-12 非拘限含水層水井的定量徑向流

三、滲流

　　如圖 6-13 所示，當設置矩形土壩攔阻水流時，水流會以滲流狀態通過土壩本體，則滲流量爲：

$$Q = AV = Kh\frac{dh}{dx}$$

積分後得：

$$Q = \frac{K}{2}\frac{H_1^2 - H_2^2}{L}$$

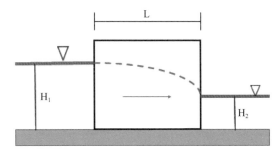

圖 6-13 土壤滲流示意圖

四、鏡像法

疊加法（method of superposition）可以應用到另一個著名的鏡像法（method of images）。鏡像法經常應用於二維勢流（potential flow）理論的地下水井抽水或補注的邊界問題。

鄰近堅硬岩盤附近的水井抽水時，可以利用鏡像法得到該水井抽水時期的等勢能線（Equipotential line）和流量線（Stream line），再據以計算水井附近不同點位的地下水流量。當一個源（source）代表一座水井抽水，再加上一個同樣強度大小的映像源（image source），如圖 6-14 所示。由於源和映像源兩者之流線會在交界面處因為大小相同、方向相反而互相抵銷，導致兩者之間的交界面沒有垂向水流通過，可以視為堅硬岩盤、不透水介面。如果是一座鄰近河流的水井抽水時，可以源加上映像陷（sink），如圖 6-15 所示。由於源的流線可以垂直方向通過介面進入陷，介面因此可以視為整條可以透水如河流的介面。

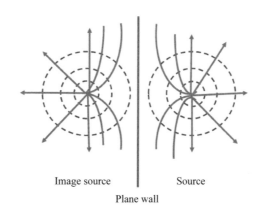

圖 6-14　鄰近源附近有堅硬岩盤或平面牆的鏡像處理

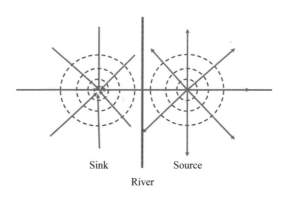

圖 6-15　鄰近源附近有河流通過的鏡像處理

第7章
河川水文

7-1 逕流量

　　臺灣地區所有河川除了地殼抬升造成大漢溪襲奪的桃園台地河川外，其餘都發源自中央山脈、雪山山脈、海岸山脈這三條主要山脈，以及這些山脈支脈或其鄰近山區。所有河流都是分別向東注入太平洋或向西注入臺灣海峽。河川水系包含中央管河川 24 條；跨縣市河川 2 條和縣管河川 92 條。臺灣河川的特性為流路短小；河床坡度陡峻；暴雨時水位高漲、水流湍急、含砂量高；水位漲跌、流量多寡顯著。至 2021 年為止，經濟部水利署設置 175 個水位站、100 個水位流量站。臺灣水文年報同時收錄 18 個台電公司水位流量站。

　　本章各項分析成果係整理經濟部水利署自 1937 年至 2021 年間歷年的臺灣水文年報資料而得。由於 1973 年以前的年平均總逕流量係以 1949～1970 年的平均值 523.23 億立方公尺表示，因此，圖 7-1 的統計資料為 1973～2021 年間的各年平均總逕流量。其中，1949～2021 年的平均總逕流量為 647.43 億立方公尺。

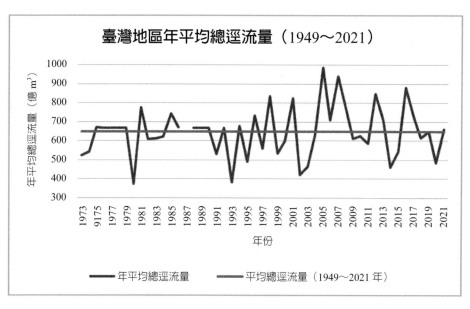

圖 7-1　臺灣地區年平均總逕流量（1949～2021）

　　經濟部水利署將臺灣地區分為北、中、南、東四個水資源區，各區涵蓋的面積如圖 7-2 與表 7-1 所示。

圖 7-2 臺灣河川與水資源分區圖（經濟部水利署，中華民國 110 年臺灣 水文年報，2022）

表 7-1　臺灣各水資源區面積

月份	北部	中部	南部	東部	臺灣地區
面積（平方公里）	7,347	10,507	10,002	8,144	36,000

　　將四個水資源區的平均逕流量和比流量做比較如圖 7-3 得知 1949～2021 年間，南部的平均逕流量最大，接著依序爲東部、中部和北部。其中，北部和中部的平均逕流量較爲相近。比流量則是北部最高，其次爲東部、南部，最小者爲中部。其中，臺灣地區各水資源區的平均比流量爲 1.8。

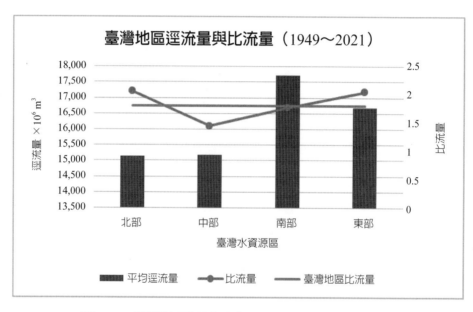

圖 7-3　臺灣地區逕流量與比流量（1949～2021）

　　如果將四個水資源區各月份的平均逕流量點繪如圖 7-4，發現 1949～2021 年間的平均逕流量主要集中在 6～10 月之間。臺灣地區的 8 月逕流量最高，爲 $11,231 \times 10^6 \text{m}^3$。北部集中在 6～12 月間、中部則是 5～9 月、南部是 5～10 月、東部是 6～11 月。

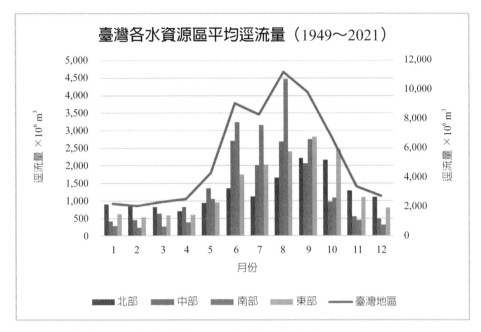

圖 7-4　臺灣各水資源區平均逕流量（1949～2021）

7-2 河川主流長度與面積

　　經濟部水利署彙整 26 條水系的源頭地點及其海拔高度、主流長度、主流河床平均坡降和流域面積。將這些資料整理如下：圖 7-5 為臺灣地區河川主流長度，濁水溪的主流長度最長，為 186.6 公里，接著為高屏溪（171 公里）、淡水河（158.7 公里）。表 7-2 為主流長度大於 100 公里的流域起點與源頭標高。

表 7-2　主流長度大於 100 公里的流域起點與源頭

	長度（公里）	起點	標高（公尺）	源頭	標高（公尺）
烏溪	119.13	合歡山	2596	更孟山	2532
大甲溪	124.2	雪山	3884	南湖大山	3632
曾文溪	138.47	萬歲山	2440	東水山	2609
淡水河	158.7	品田山	3529	品田山	3529
高屏溪	171	玉山	3997	玉山東峰	3771
濁水溪	186.6	合歡山	3416	合歡山武嶺	2880

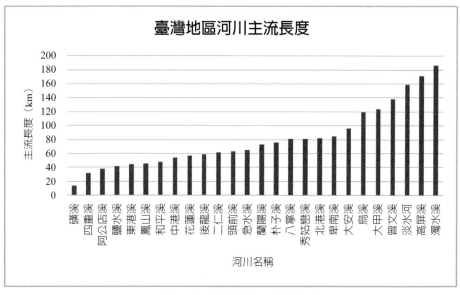

圖 7-5　臺灣地區河川主流長度

臺灣地區河川流域面積可以點繪如圖 7-6。流域面積最大者為高屏溪（3,256.85 平方公里），接著為濁水溪（3,156.9 平方公里）、淡水河（2,726 平方公里）。

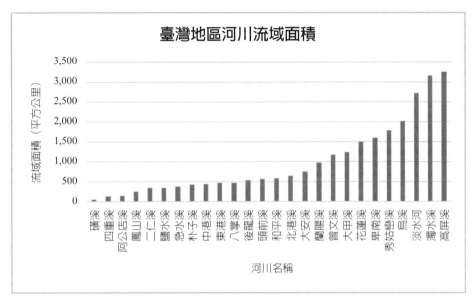

圖 7-6　臺灣地區河川流域面積

將主流長度和流域面積同時點繪如圖 7-7，可以看出高屏溪、烏溪、卑南溪、秀姑巒溪、蘭陽溪和花蓮溪的流域面積排序與其主流長度排序有較大差異。如表 7-3 所示，濁水溪流域面積雖然小於高屏溪；然而濁水溪卻是臺灣最長的主流長度。

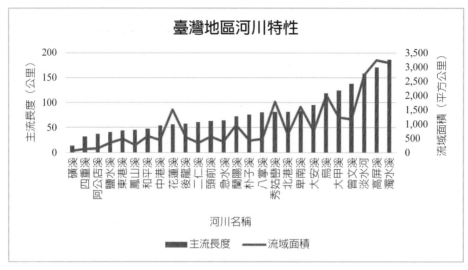

圖 7-7　臺灣地區河川特性

表 7-3　流域面積大於 1,000 平方公里的流域列表

河川	主流長度（km）	流域面積（km²）
曾文溪	138.47	1,176.64
大甲溪	124.2	1,235.73
花蓮溪	57.28	1,507.09
卑南溪	84.35	1,603.21
秀姑巒溪	81.15	1,790.46
烏溪	119.13	2,025.6
淡水河	158.7	2,726
濁水溪	186.6	3,156.9
高屏溪	171	3,256.85

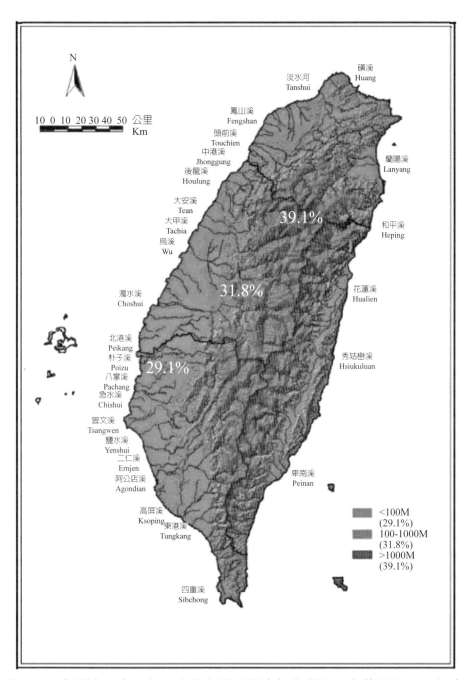

圖 7-8　臺灣地區地形與河流分布圖（經濟部水利署，中華民國 110 年臺灣水文年報，2022）

7-3 河川細長比與河床坡降

當流域面積為 A，主流長度為 L 時，則流域地文因子的細長比，E 可以表示如下：

$$E = \frac{\sqrt{A/\pi}}{L}$$

當 E = 0.5 時，表示流域形狀為正圓形，E 值越小表示集流時間越長。

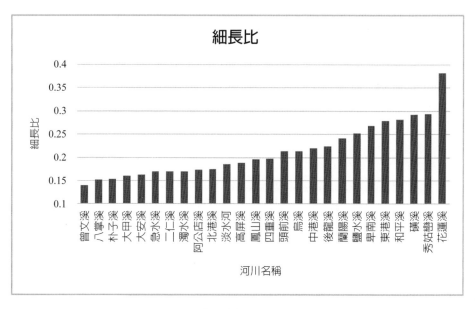

圖 7-9　臺灣地區河川細長比

自圖 7-10 發現花蓮溪的細長比特別高，為 0.38。表 7-4 花蓮溪和後龍溪流域的地文因子顯示花蓮溪會比其他相近河川長度，如後龍溪的河川帶來更大的逕流量。

表 7-4　花蓮溪和後龍溪流域的地文因子

河川名稱	主流長度（km）	流域面積（km²）	細長比	年平均流量（cms）
花蓮溪	57.28	1507.09	0.38	106.08
後龍溪	58.3	536.59	0.22	14.12

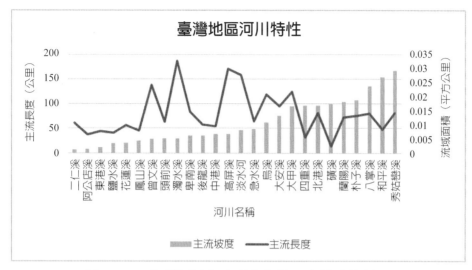

圖 7-10　臺灣河川主流長度與其河床坡降比較圖

　　由於臺灣地區山高坡陡，主流長度較短河川的河床坡降通常會比較陡峻。如圖 7-10 所示，濁水溪的主流長度最長，但是其河床坡降並不如秀姑巒溪陡峻。再如表 7-5 所示，主流河床坡降最陡的秀姑巒溪主流長度在 26 條河川中排序第 10 位。而主流長度最長的濁水溪，以及流域面積最大的高屏溪的河床平均坡降都小於 1/100。

表 7-5　河床平均坡降大於 1/100 的流域

河川	主流長度（km）	河床平均坡降
烏溪	119.13	0.01087
大安溪	95.76	0.013333
大甲溪	124.2	0.016667
四重溪	31.91	0.016949
北港溪	82	0.016949
磺溪	13.75	0.017544
蘭陽溪	73	0.018182
朴子溪	75.87	0.018868
八掌溪	80.86	0.02381
和平溪	48.2	0.027027
秀姑巒溪	81.15	0.029412

7-4 年平均流量與最大洪峰流量

將 1949～2021 年間臺灣地區水位流量站的年平均流量與紀錄最大洪峰流量點繪如圖 7-11 得知，各個水位流量站的紀錄最大洪峰流量趨勢與其年平均流量的趨勢一致。將年平均流量與紀錄最大洪峰流量大小依序點繪如圖 7-12 與圖 7-13 得知，高屏溪的年平均流量最大，為 208.56 cms；濁水溪的紀錄最大洪峰流量最大，為 28,000 cms。由於各流域測站的集水面積不一樣，因此，各測站比流量大於 0.06 cms/km^2 的年平均流量與比流量大於 10 cms/km^2 的紀錄最大洪峰流量測站整理如表 7-6 和表 7-7。東港溪潮州站的年平均流量比流量最大，為 0.095 cms/km^2；曾文溪玉田站的紀錄最大洪峰流量比流量最大，為 54.694 cms/km^2。

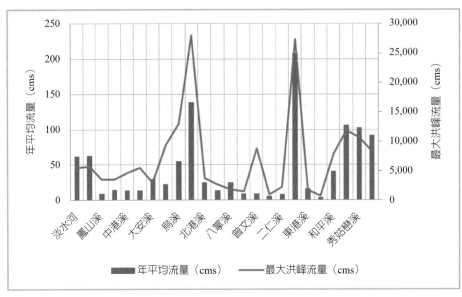

圖 7-11 臺灣地區水位流量站的年平均流量與紀錄最大洪峰流量（1949～2021）

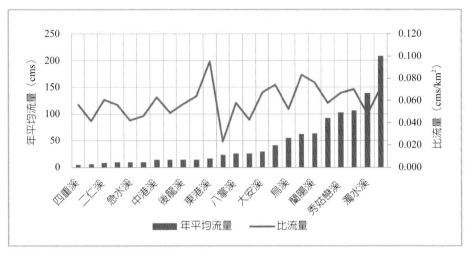

圖 7-12　臺灣地區水位流量站的年平均流量（1949～2021）

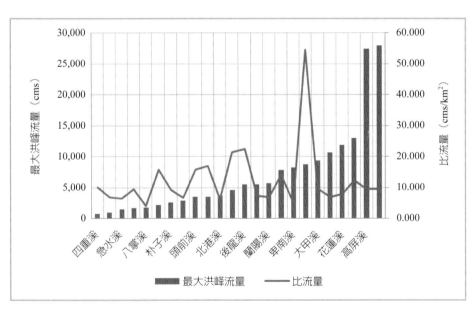

圖 7-13　臺灣地區水位流量站的紀錄最大洪峰流量（1949～2021）

表 7-6　比流量大於 0.06 的年平均流量測站

流域	站名	集水面積（km²）	年平均流量（cms）	比流量（cms/km²）
二仁溪	崇德橋	139.62	8.48	0.061
中港溪	平安橋	218.12	13.75	0.063
頭前溪	上坪	221.73	14.22	0.064
秀姑巒溪	瑞穗大橋	1538.81	103.18	0.067
大安溪	象鼻	437.58	29.53	0.067
花蓮溪	花蓮大橋	1506	106.08	0.070
高屏溪	里嶺大橋	2894.79	208.56	0.072
和平溪	希能埔	553.01	41.11	0.074
蘭陽溪	蘭陽大橋	820.69	62.88	0.077
淡水河	秀朗橋	750.76	62.43	0.083
東港溪	潮州	175.3	16.72	0.095

表 7-7　比流量大於 10 的紀錄最大洪峰流量測站

流域	站名	集水面積（km²）	最大洪峰流量（cms）	比流量（cms/km²）
四重溪	石門橋	79.37	800	10.079
烏溪	烏溪橋	1051.04	13045	12.412
和平溪	希能埔	553.01	7900	14.285
二仁溪	崇德橋	139.62	2205.9	15.799
頭前溪	上坪	221.73	3506	15.812
鳳山溪	新埔	208.06	3552	17.072
中港溪	平安橋	218.12	4666	21.392
後龍溪	打鹿坑	247.28	5555	22.464
曾文溪	玉田	160.53	8780	54.694

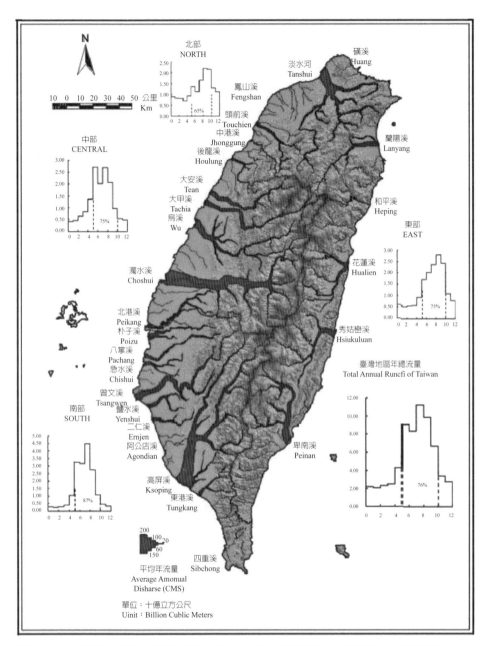

圖 7-14　臺灣地區年平均逕流量分布圖（經濟部水利署，中華民國 110 年臺灣水文年報，2022）

7-5 土砂生產量

　　流域的土砂生產量，如圖 7-15 所示，包含坡面或山坡地的土壤流失量、河道沖刷量，以及山崩、地滑、坍岸或土石流等產生的土砂量。如果是估算通過集水點（或出海口）的土砂流出量時，則需要同時考慮土砂遞移率，亦即沖刷土砂能夠移動或是被逕流或河道水流輸送到某一定點的比率。因此，非常明確地，流域土砂生產量並不等於流域的泥砂流出量。

　　土壤流失量係一般坡面或山坡地在監測當時地表覆蓋或植生狀況下的年平均土壤流失量。土壤流失量並不包含如山崩、地滑、坍岸或土石流等特殊事件所產生的土砂量。再者，由於土砂遞移率的作用，並不是所有沖刷土砂都能夠立即移動或被地表逕流輸送到某一定點，因此，在集水點觀測或估算的土壤流出量並不等於土壤流失量。

　　部分文獻以水庫在某次颱風所增加的淤積土砂量除以水庫集水區面積，作為該水庫集水區的土壤流失量，除了沒有考慮經由溢流和洩洪排出的土砂量、河道沖刷量、山崩、地滑、坍岸或土石流等產生的土砂量外，也沒有考慮土砂遞移率的情況下，估算水庫集水區的土壤流失量是會產生極大誤差的。

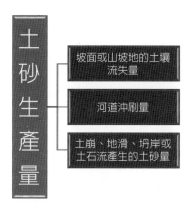

圖 7-15　土砂生產量的組成

　　依據質量守恆定律，某一河段河道在單位時間內的沖刷或淤積量（或高度）是根據進入該河段來砂量和離開該河段輸砂量計算而得。而進入該河段來砂量和離開該河段輸砂量，乃是由該河段水流的挾砂力所決定。如果是來砂量大於輸砂量時就會產生淤積；相反地，來砂量小於輸砂量時就會產生沖刷現象。表 7-8 為河川泥砂可能造成的影響。

表 7-8 河川泥砂可能造成的影響

項次	可能影響
1	影響民生用水和灌溉水質
2	泥砂濃度越高水流沖刷力越大
3	淘刷河床導致河床坡降變大，衍生更大沖刷力
4	淘空橋梁、護岸基礎
5	泥砂淤積導致河床通水斷面不足或堵塞，形成溢流或改道造成災害
6	影響生態環境
7	影響旅遊品質
8	造成水利構造物或水輪機磨損
9	破壞河槽和灘地間的淤積成長平衡

　　河川泥砂輸送依據泥砂來源、水流動力大小和泥砂運動形式可以有不同的組成因子；而不是以泥砂顆粒徑大小直接區分。其中，河床質係組成河床的泥砂、流洗質則來自河川兩側坡面的沖蝕土壤；當拖曳力大於摩擦力時，泥砂顆粒開始滑動或滾動，而且運動中的泥砂顆粒經常與河床保持接觸稱接觸質；泥砂顆粒因為水流運動造成反覆上升、下沉的狀態稱躍移質；當水流向上分速度大於泥砂下沉速度，導致泥砂顆粒維持懸浮狀態稱懸浮質。不同分類的泥砂輸送組成因子如表 7-9 所示：

表 7-9 不同分類的泥砂輸送組成因子

	類別	組成因子
1	泥砂來源	河床質、流洗質
2	水流動力大小	推移質、懸浮質
3	泥砂運動形式	接觸質、躍移質、懸浮質

　　水流動力大小可以區分河川的泥砂輸送為推移質和懸浮質兩大類，亦即水流動力大到足以將原先沒有懸浮的推移質懸浮起來往下游移動且不會再次接觸河床，這時候的推移質就會形成懸浮質，與泥砂顆粒大小無關；其中，推移質的沖刷淤積足以影響河床面的高低，對於水利工程的建造或安全檢定而言，是較為重要的參數；而懸浮質則以濃度（ppm）表示，代表水質之混濁度。

7-6 河川泥砂

臺灣地區汛期水流湍急，尤其是最大洪峰流量發生期間的含沙量採樣工作非常不容易而且危險。臺灣地區 1949～2021 年間水位流量站的紀錄最大洪峰流量與懸浮質含沙量可以點繪如圖 7-16。自圖中得知，最大洪峰流量發生期間不一定會產生最大懸浮質含沙量。如濁水溪彰雲大橋站的紀錄最大洪峰流量最大，為 28,000 cms，但是其單位面積含沙量只有 36.3 ppm/km²。同樣地，高屏溪里嶺大橋站的紀錄最大洪峰流量僅次於濁水溪，為 27,446 cms，但是其單位面積含沙量只有 20.73 ppm/km²。

臺灣地區 1949～2021 年間水位流量站的懸浮質含沙量依序排列可以點繪如圖 7-17 得知，和平溪與二仁溪的懸浮質含沙量最高，分別為 2,852,326 ppm 與 753,353 ppm，而且遠高於其餘流域測站。其他流域測站的懸浮質含沙量都小於 120,000 ppm。二仁溪與和平溪的單位面積含沙量也是最高，分別為 5,396 ppm/km² 與 5,158 ppm/km²。臺灣地區於 1949～2021 年間單位面積懸浮質含沙量大於 100 ppm/km² 的水位流量站列如表 7-10 臺灣地區單位面積懸浮質含沙量大於 100 ppm/km² 的水位流量站（1949～2021）列如表 7-10。

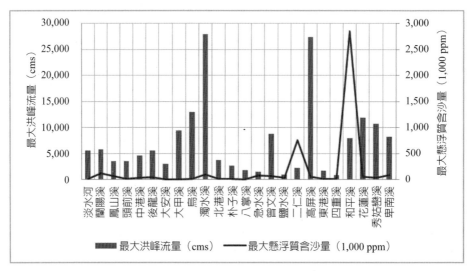

圖 7-16　臺灣地區水位流量站的紀錄最大洪峰流量與懸浮質含沙量（1949～2021）

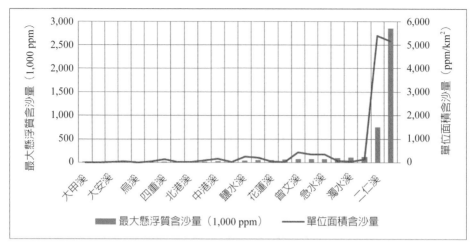

圖 7-17　臺灣地區水位流量站的懸浮質含沙量（1949～2021）

表 7-10　臺灣地區單位面積懸浮質含沙量大於 100 ppm/km² 的水位流量站（1949～2021）

流域	站名	集水面積（km²）	最大懸浮質含沙量（ppm）	單位面積含沙量（ppm/km²）
蘭陽溪	蘭陽大橋	820.69	118,000	143.78
四重溪	石門橋	79.37	11,775	148.36
中港溪	平安橋	218.12	32,584	149.39
後龍溪	打鹿坑	247.28	49,693	200.96
鹽水溪	新市	146.46	37,380	255.22
鳳山溪	新埔	208.06	70,200	337.40
急水溪	新營	226.66	77,965	343.97
曾文溪	玉田	160.53	69,800	434.81
和平溪	希能埔	553.01	2,852,326	5,157.82
二仁溪	崇德橋	139.62	753,353	5,395.74

7-7 水庫

　　水庫為水資源利用及防洪關係重大之堰、壩與其附屬設施及蓄水範圍。水庫泥砂可能造成的影響如表 7-11 所示。

表 7-11　水庫泥砂可能造成的影響

區域	項次	可能影響
庫區	1	降低水庫容量
	2	影響水質
	3	造成水利構造物或水輪機磨損
	4	影響生態環境
	5	影響旅遊品質
水庫下游	1	河床沖刷
	2	破壞河槽和灘地間的淤積成長平衡
	3	降低洪峰流量
	4	影響灌溉水質

　　許多河川因為降雨分布、集水區大小、土地利用情況、河床坡度不同而有不同出流量，同時，集水區內地形和地質條件也會產生不同泥砂生產量與輸砂量。為了充分利用水資源，以利民生、經濟發展，部分缺水地區必須藉由導水渠道或隧道引入鄰近水源較為豐富河川的多餘水量，稱越域引水。水流在進入導水渠道或隧道前，會先經過泥砂沉澱的設施，以延長導水設施和水庫的壽命。經由越域引水而蓄水的水庫稱離槽水庫。以堰、壩所在位置區分，可以分在槽水庫和離槽水庫兩大類。在河川主流興建堰、壩，攔蓄河流水量於河槽的水庫為在槽水庫；主壩沒有構築在河川主流，與集水河川有段距離，攔蓄河流水量再藉由導水隧道或渠道等設施引水到庫區者為離槽水庫。離槽水庫可以減少淤沙量；在槽水庫可以引入較大水量。表 7-12 為在槽與離槽水庫優缺點。表 7-13 為臺灣的離槽水庫及其水源。

表 7-12　在槽與離槽水庫優缺點

在槽水庫	優點	具備蓄水、防洪、灌溉與給水功能，為最直接有效的河川水資源調節方法
	缺點	河川挾帶的泥砂流入庫區淤積，導致水質混濁，水庫壽命減少；水庫下游因為大量減少泥砂供給，河床刷深，河口海岸線退縮
離槽水庫	優點	河川挾帶的泥砂在引入庫區前已經先行落淤，進水流量含砂濃度大為降低，水庫使用年限得以延長，對河川下游環境衝擊較小
	缺點	引、導水設施的容量限制最大進水量，水源無法充分利用。營運管理維護比在槽水庫複雜

表 7-13　臺灣的離槽水庫及其水源

水庫	水源	水庫	水源
仁義潭水庫	八掌溪	湖山水庫	清水溪
日月潭水庫	濁水溪	新山水庫	大武崙溪
永和山水庫	中港溪	鳳山水庫	高屏溪（20%）、東港溪（80%）
牡丹水庫	牡丹溪、里仁溪	鯉魚潭水庫	大安溪
阿公店水庫	旗山溪	寶山水庫	上坪溪
南化水庫	旗山溪	寶山第二水庫	上坪溪
烏山頭水庫	曾文溪上游大埔溪	蘭潭水庫	八掌溪

　　臺灣地區總計有 95 座水庫和攔河堰，包含離島地區 29 座，臺灣本島 66 座（北區 16 座，中區 21 座，南區 23 座，東區 6 座）。到 2022 年 5 月 30 日最新修正的總有效容量為 198,708 萬立方公尺。由於庫區的泥砂淤積經常是水庫總容量減少的主要原因，從表 7-12 得知，臺灣離島目前與設計總容量比最高，為 99.1%，顯示離島水庫的泥砂淤積情況輕微，其次為北區，81.8%，東區，75.1%，中區，72.0%，南區最嚴重，為 62.3%。針對目前水庫有效容量與總容量比值而言，亦即水庫營運情況檢討，則離島最高，98.8%，其他依序為南區、東區、中區和北區。臺灣地區 20 座主要水庫有效容量如表 7-15 所示，總有效容量為 190,900 萬立方公尺。

表 7-14　臺灣地區水庫容量資訊（整理自水利署網站資料，2022）

	設計總容量（萬 m³）	設計有效容量（萬 m³）	目前總容量（萬 m³）	目前有效容量（萬 m³）	目前與設計總容量比（%）	目前有效容量與總容量比 (%)
總計	292,121.367	257,970.387	205,934.2094	198,708.696	70.5	96.5
臺灣北區	78,281.37	64,652.1	64,059.6	58,797.9	81.8	91.8
臺灣中區	85,867.7	78,852.64	61,806.3164	60,274.08	72.0	97.5
臺灣南區	126,785.997	113,338.777	78,925.543	78,506.697	62.3	99.5
臺灣東區	135.1	94.6	101.5	100.8	75.1	99.3
臺灣離島	1,051.2	1,032.3	1,041.25	1,029.2	99.1	98.8

表 7-15　臺灣地區主要水庫有效容量（整理自水利署網站資料，2023）

水庫名稱	有效容量	水庫名稱	有效容量	水庫名稱	有效容量	水庫名稱	有效容量
石門水庫	20526.01	明德水庫	1245.17	日月潭水庫	12,964.03	烏山頭水庫	7,920.85
新山水庫	1002.00	鯉魚潭水庫	11583.69	集集攔河堰	531.61	曾文水庫	50,685.26
翡翠水庫	33550.50	德基水庫	18855.00	湖山水庫	5,086.51	南化水庫	8,935.10
寶山第二水庫	3147.18	石岡壩	148.41	仁義潭水庫	2,484.46	阿公店水庫	1,519.81
永和山水庫	2993.51	霧社水庫	3682.50	白河水庫	1,387.50	牡丹水庫	2,651.32

單位：萬立方公尺

太湖
榮湖
田浦
擎天
西湖
蓮湖
菱湖
陽明湖
山西
金沙
金湖
蘭湖
成功
東衛
興仁
西安
小池
七美

馬祖地區

金門地區

澎湖地區

（馬祖地區）

勝利　　　坂里
后沃　　　東湧
秋桂山
儲水沃下壩
儲水沃上壩
津沙
津沙—號壩

新山水庫
西勢水庫
寶山水庫
翡翠水庫
石門水庫
永和山水庫
寶二水庫
明德水庫
大埔水庫
鯉魚潭水庫
德基水庫
霧社水庫
日月潭水庫
頭社水庫
湖山水庫
蘭潭水庫
仁義潭水庫
白河水庫
曾文水庫
烏山頭水庫
南化水庫
鏡面水庫
阿公店水庫
澄清湖水庫
鳳山水庫
牡丹水庫

圖 7-18　臺灣地區水庫分布圖（取自水利署水庫水質網站，2022）

表 7-16 依法公告的全國各水庫管理機關

編號	管理機關	水庫名稱
1	台灣自來水公司	新山、西勢、鳶山堰、寶山、永和山、仁義潭、蘭潭、南化、鏡面、玉峰堰、澄清湖、鳳山水庫、東港攔河堰、酬勤、成功、興仁、東衛、小池、西安、烏溝蓄水塘、七美、赤崁地下水庫
2	台灣糖業公司	鹿寮溪、尖山埤、觀音湖
3	臺北翡翠水庫管理局	翡翠
4	台灣電力公司	阿玉壩、羅好壩、桂山壩、粗坑壩、士林攔河堰、德基、青山壩、谷關、天輪壩、馬鞍壩、霧社、武界壩、日月潭、明湖下池、明潭下池、銃櫃壩、溪畔壩、龍溪壩、木瓜壩、水簾壩
5	臺北自來水事業處	直潭壩、青潭堰
6	經濟部水利署北區水資源局	榮華壩、石門、隆恩堰、寶山第二水庫、上坪攔河堰、羅東攔河堰
7	經濟部水利署中區水資源局	鯉魚潭、石岡壩、湖山、集集攔河堰
8	經濟部水利署南區水資源局	曾文、阿公店、高屏溪攔河堰、甲仙攔河堰、牡丹
9	農業委員會農田水利署苗栗管理處	大埔、劍潭、明德
10	農業委員會農田水利署南投管理處	頭社
11	農業委員會農田水利署嘉南管理處	內埔子、白河、德元埤、烏山頭、鹽水埤、虎頭埤
12	農業委員會農田水利署屏東管理處	龍鑾潭
13	高雄市政府	中正湖
14	金門縣自來水廠	山西、擎天、榮湖、金沙、田浦、太湖、瓊林、蘭湖、蓮湖、菱湖、陽明湖、西湖、金湖
15	連江縣自來水廠	東湧、板里、邱桂山、儲水沃、津沙、勝利、津沙一號、后沃

第8章
逕流歷線

8-1 逕流歷線

逕流的主要來源爲降水，其他來源則是永久性或間歇性的湖泊或河流補助流量。

一、逕流分類

逕流可以分爲三部分，如表 8-1 所示：

表 8-1　逕流類別

逕流類別	定義
地表逕流	降水抵達地表後形成薄膜流、漫地流，再集中於溝、谷、河流進入海洋
地表下逕流	亦稱伏流。爲入滲地表下土壤形成側流流入河川
地下水逕流	亦稱基流。爲經過入滲、滲漏到飽和含水層的降水

二、逕流係數

降雨和尖峰流量的關係經常以經驗公式表示，經常被採用者爲合理化公式（Rational formula）。雖然周文德《應用水文學手冊》建議：應用合理化公式的面積以不超過 100 英畝，40.5 公頃爲宜，至多不超過 200 英畝，81 公頃，目前水土保持機關是以不超過 1,000 公頃爲宜。合理化公式如下：

$$Q_p = \frac{1}{360} CIA$$

式中，Q_p 爲尖峰流量（cms）；C 爲逕流係數；
　　　I 爲降雨強度（mm/hr）；A 爲集水面積（ha）

逕流係數爲單位面積小時降雨量（降雨強度）所產生的尖峰流量。逕流係數的影響因子包含蒸發量、蒸散量、截流量和入滲量等，這些影響因子又會因爲當地氣候、地形、地質、植生和土地利用狀況不同而有所不同。因此，如果要準確推估逕流係數時，惟有在該集水區設置監測站並蒐集一定期間的資料後，才能夠分析推導當地、當時土地利用狀況下的逕流係數。儘管如此，還是無法求得開發中和開發後的逕流係數。因此，大部分小面積開發計畫的集水區經常以地形條件和開發與否，選擇逕流係數的經驗值。水土保持技術規範的逕流係數 C 值依據有無開發整地可以分爲開發整地區及無開發整地區兩大類；開發基地或集水區的地形狀況，則分陡峻山地、山嶺區、丘陵地或森林地、平坦耕地和非農業使用等 5 種狀況，兩者搭配考慮後決定逕流係數值。開發前採用無開發整地區的 C 值，開發中的 C 值以 1.0 計算，開發後及各項 C 值應依表 8-2 選擇。但有實測資料者不在此限。

表 8-2　逕流係數表（水土保持技術規範，2014）

集水區狀況	陡峻山地	山嶺區	丘陵地或森林地	平坦耕地	非農業使用
無開發整地區	0.75～0.90	0.70～0.80	0.50～0.75	0.45～0.60	0.75～0.95
開發整地區	0.95	0.90	0.90	0.85	0.95～1.00

三、歷線

任何水文量和時間的關係曲線通稱為歷線（Hydrograph）。

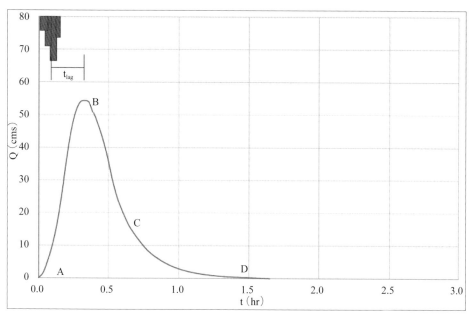

圖 8-1　歷線示意圖

　圖 8-1 為歷線示意圖，圖中 B 點為尖峰流量，AB 段為歷線的上升段；BD 段為退水段。其中，CD 段為地下水逕流所造成的退水。降雨事件的雨量減去初期降雨損失和入滲損失所剩下的雨量稱有效雨量（Effective rainfall）或超滲雨量（Rainfall excess）。由超滲雨量所繪製的組體圖稱有效雨量組體圖（Rainfall hyetograph），由降雨組體圖中心到尖峰流量間的時間為稽延時間（Time lag, t_{lag}）。

8-2 基流分離

逕流歷線為直接逕流（Direct runoff）與基流（Base flow）的總和。直接逕流主要由超滲雨量組成，為地表逕流，乃造成淹水的主因。基流為地下水逕流，為河川在沒有降雨情況下的流量。簡單歷線的基流分離方法有下列三種：

1. 直線法：如圖 8-2 所示，直線法分兩段直線，第一個線段為自歷線的退水點 A 劃一直線和尖峰流量 P 點的時間相交於 P' 點，第二個線段為 P'B，長度計算如下：

$$N = 0.8A^{0.2}$$

式中，N：天數；A：集水區面積（km²）
AP'B 直線上方為直接逕流；下方為基流。

2. 退水點延伸法：如圖 8-3 所示，退水點延伸法也分兩段，第一個線段為自歷線的退水點 A 順著曲線延伸到尖峰流量 P 點的時間 M 點，第二個線段為 MB，長度和直線法的長度計算結果一樣。AMB 曲線上方為直接逕流；下方為基流。

3. 反推法：如圖 8-4 所示，由退水肢穩定的低流量找出 C 點做切線延伸到退水肢反曲點 E 的時間 E' 點，再以一平滑曲線連接 A、E' 兩點。AE'C 曲線上方為直接逕流；下方為基流。

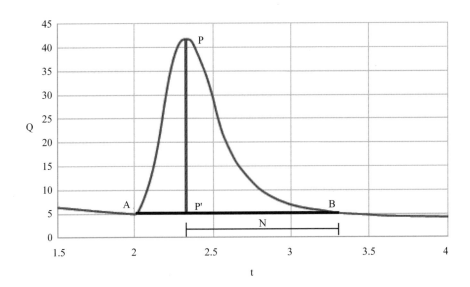

圖 8-2　基線分離（直線法）

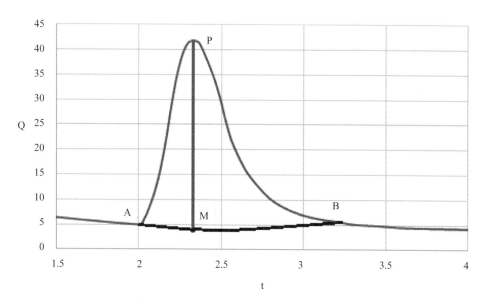

圖 8-3　基線分離（退水點延伸法）

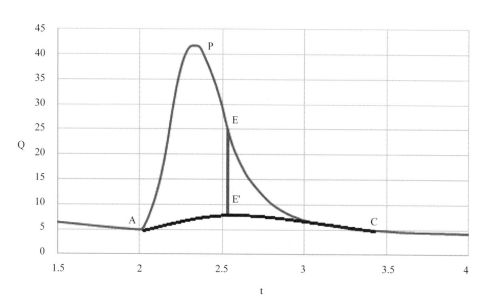

圖 8-4　基線分離（反推法）

8-3 單位歷線

　單位歷線（Unit hydrograph）依據 Sherman（1932）定義：在某一特定延時內，均勻降落在整個集水區的單位有效降雨所形成的直接逕流歷線。例如：1 小時單位歷線乃 1 公分降雨在 1 小時內均勻降落在整個集水區內所形成的直接逕流。將單位歷線的縱座標（流量）除以尖峰流量，橫座標（時間）除以尖峰到達時間所形成的歷線稱無因次單位歷線。經濟部水利署水利規劃試驗所（2020）出流管制技術手冊建議的無因次單位歷線如圖 8-5 所示。

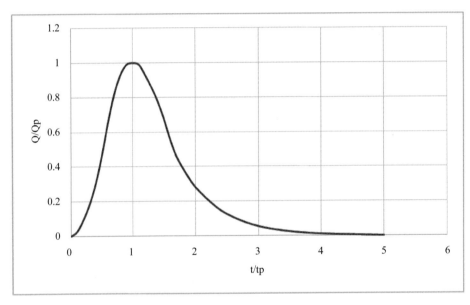

圖 8-5　無因次單位歷線

　單位歷線有五項假設條件：
1. 時間均勻分布：有效雨量或超滲雨量於某一特定降雨延時內係均勻降落。
2. 空間均勻分布：降雨均勻分布於整個集水區。
3. 同一降雨延時所形成直接逕流的基期（Base time）為固定不變。
4. 相同基期的直接逕流歷線的縱座標（流量）大小，與相同延時的總逕流量成正比。
5. 某特定延時所形成的直接逕流歷線可以代表某特定集水區的物理特性。

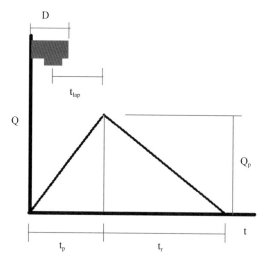

圖 8-6　三角形單位歷線圖

　　三角形單位歷線，如圖 8-6 所示，係假設集水區流量歷線呈三角形分布，具有固定的基期，洪峰流量與降雨量成正比例關係。這樣，由三角形面積可得

$$Q_p = \frac{2QA}{t_p + t_r}$$

式中，Q_p 洪峰流量；Q：總逕流水深；A：集水區面積；t_p：歷線開始至到達洪峰流量時間；t_r：到達洪峰流量時間至歷線結束。

　　當總逕流量（Q）的平均水深等於單位有效降雨深度（R_e）（一般取 10 mm），則上式稱三角形單位歷線（Triangular unit hydrograph）。三角形單位歷線法概念相當簡單，適用於海洋島嶼型小集水區的洪峰流量設計，尤其在欠缺實測資料的上游集水區，更屬重要。

$$t_p = \frac{D}{2} + t_{lag}$$

式中，D：有效降雨延時（hr），$D \leq 0.133 t_c$；t_{lag}：稽延時間（hr），表有效降雨中心至洪峰流量到達時間，可表為（Mockus 1957; Simas 1996）

$$t_{lag} = 0.6 t_c$$

式中，t_c：集流時間（hr），可依前述集流時間相關公式推求的。設 $t_r = m t_p$，且 Mockus（1957）提出，m = 1.67。

　　水利署鑑於臺灣河流集水區面積較小，建議使用修正集流時間。

8-4 波爾斯法

以水庫演算的波爾斯法，配合滯洪池的高度 - 面積曲線計算出流流量歷線。
水庫演算法因為不考慮洪水的楔形蓄水，可應用河川演算法的波爾斯法：
假設在

$$\Delta t = t_2 - t_1 \text{ 時}$$

水文質量守恆，亦即

$$\frac{\partial Q}{\partial x} + \frac{\partial A}{\partial t} = 0 \rightarrow I - O = \frac{\partial S}{\partial t}$$

$$\bar{I} - \bar{Q} = \frac{\Delta S}{\Delta t}$$

$$\frac{I_1 + I_2}{2} - \frac{O_1 + O_2}{2} = \frac{(S_2 - S_1)}{\Delta t}$$

式中，I_1 和 I_2 為演算前後的入流量；O_1 和 O_2 為演算前後的出流量；S_1 和 S_2 為演算前後的蓄水量。其中，I_1、I_2、O_1 和 S_1 為已知，O_2 和 S_2 為未知數。
在無控制式滯洪池情況下

$$\left(\frac{2S_2}{\Delta t} + O_2\right) = (I_1 + I_2) + \left(\frac{2S_1}{\Delta t} - O_1\right)$$

由於滯洪池蓄水體積為蓄水高度和蓄水面積的乘積，因此，需要先依據實測地形圖求得每一公尺等高線間的面積，再推導出該滯洪池的高程 - 面積曲線或高程 - 體積曲線（如圖 8-7 所示）。可以的話，求出該曲線的回歸方程式會更方便得到不同高度的蓄水體積。出水量則依據不同型式的出水口公式計算，可以得到出流口高程與出流量關係曲線，如圖 8-8 所示。

從出流流量歷線得到出流洪峰流量。接著，檢核出流洪峰流量不得超過開發前的洪峰流量，以及不應超過下游排水系統的容許排洪量。如果無法通過檢核，必須重新調整滯洪池高度 - 面積曲線後，再度檢核。

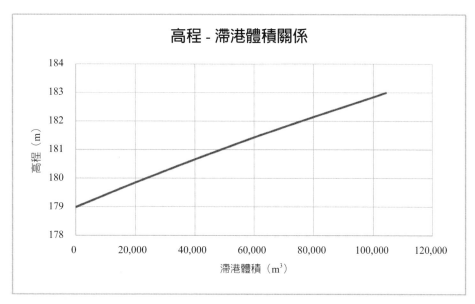

圖 8-7　十三寮高程 - 滯洪體積曲線

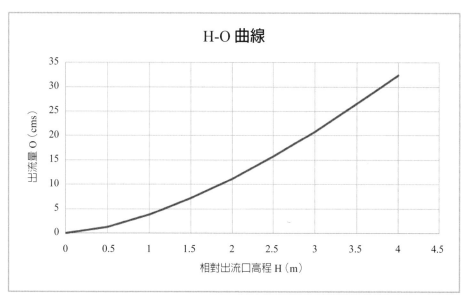

圖 8-8　十三寮出流口高程與出流量關係圖

8-5 滯洪

滯洪歷線圖有入、出流歷線，圖 8-9 藍色區塊為滯洪體積。如果滯洪池規劃地點沒有當地水位流量站的單位歷線可以使用時，採用三角形單位歷線作為入流歷線也可以得到滯洪歷線圖，如圖 8-10 所示。

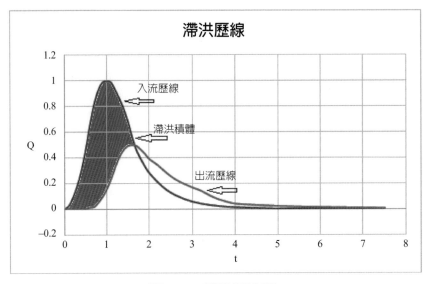

圖 8-9　滯洪歷線圖

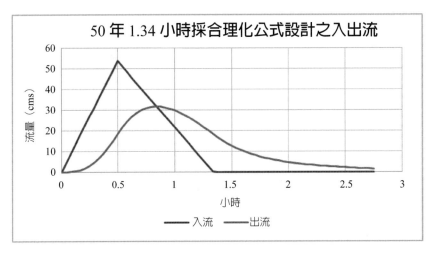

圖 8-10　十三寮滯洪歷線圖

　　十三寮滯洪池位於臺中大雅區和沙鹿區的筏子溪上游，圖 8-11、圖 8-12、圖 8-13 與圖 8-14 分別為池體、出流口、進水口和溢洪口。

圖 8-11　十三寮滯洪池池體

圖 8-12　十三寮滯洪池出流口

圖 8-13　十三寮滯洪池進水口

圖 8-14　十三寮滯洪池溢洪口

第9章
水文觀測儀器

9-1 雨量計

　　世界氣象組織（WMO）曾於 2007～2008 年間於義大利 Vigna di Valle 舉行
Field Intercomparison of Rainfall Intensity Gauges，蒐集世界各地 26 種、計有
傾斗式、載重式、光學式、聲波式（又稱撞擊式）、壓力式、水準感應式和微
都卜勒雷達式等七大類型式雨量計，予以互相觀摩、比較。雖然最早期的自動
雨量觀測儀器有虹吸式雨量計，目前已經較為少見。該次會議也沒有蒐集虹吸
式雨量計，所蒐集的 26 種雨量計整理如表 9-1、表 9-2：

表 9-1　傾斗式與載重式雨量計規格

類型	承雨口面積（cm^2）	傾斗容量（g）	測量範圍（mm/hr）	廠牌型號
傾斗式	200、214、223.6、254、324、500、1000	2、5、5.08、5.43、6.48、20	0～250、0～300、0～420、0～450、0～500、0～600、0～720、0～2540	7499020BoMV2/RIMCO、AP23/PAAR、R013070/PRECIS-MECANIQUE、PT 5.4032.35.008/THIES、R102(REFERENCE GAUGE)/ETG、DQA031/LSI LASTEM、T-PLUV UM7525/I/SIAP-MICROS、PM B2(REFERENCE GAUGE)/CAE、RAIN COLLECTOR II (7852)/DAVIS、15188/LAMBRECHT、PP040/MTX、ARG100/ENV. MEAS. Lmt.
載重式	200、400、500		0～600、0～1200、0～1800、0～3600、0.5～2000、2～400	MRW500(REFERENCE GAUGE)/METEOSERVIS、VRG101/VAISALA、PLUVIO/OTT、PG200/EWS、T-200B(REFERENCE GAUGE)/GEONOR、TRwS/MPS、MPA-1M/SA "MIRRAD"

表 9-2　其餘類型雨量計規格

類型	承雨口面積（cm^2）	測量範圍（mm/hr）	廠牌型號
壓力式	200	0～1200	ANS 410-H/EIGENBRODT
水位感應式	400	0～300	Electrical raingauge/KNMI
光學式		0.001～1200、0.005～50、0.05～999.9	PWD22/ VAISALA、PARSIVEL/OTT、LPM/THIES
聲波式		0～200	WXT510/VAISALA
微都卜勒雷達式		01～240	DROP/PVK-ATTEX

最早期的虹吸式雨量計是以紀錄紙記錄降雨量，當雨量計內容器的雨量到達一定量體時則藉由虹吸現象排出，同時墨筆會在紀錄紙上畫線。虹吸式雨量計不僅在虹吸現象發生時可能會有漏失雨量紀錄產生誤差，人工計算雨量的作法已經被電子紀錄器所取代。

載重式雨量計的精度會因為內部計量的載重傳感器（load cell）規格不同而有不同，其中，載重傳感器的量測精度越高，越能記錄到小降雨事件；低量測精度的載重式雨量計僅能記錄到某種大小以上的降雨事件。如果精度要求不高，也有使用較便宜的張力計代替載重傳感器的作法。

載重式雨量計還有另一種誤差產生，也就是泥沙或是樹葉停留在雨量計上都會產生紀錄誤差。在風沙大或鄰近樹林的臺灣部分地區的可行性不高。

光學式雨量計是利用降雨穿過某一特定區域所產生的影像所產生的遮蔽效應去間接計算降雨量。對於小雨或是高強度降雨會有無法辨識，導致誤差產生的情形。雖然偵測器的精度可以適度改善此種不易辨識的降雨事件，高精度偵測器價錢昂貴且改善效果有限，對於經常發生高強度降雨事件的我國，適用性值得考量。

聲波式（又稱撞擊式）雨量計係利用雨滴打擊在薄膜上所產生的壓力，藉由內部計量的載重傳感器將壓力轉換成雨量。與載重式雨量計類似，聲波式雨量計的精密度會隨著載重傳感器規格不同而有不同，其中，載重傳感器的量測精度越高，越能記錄到小降雨事件；低量測精度的載重式雨量計僅能記錄到某種大小以上的降雨事件。

壓力式雨量計大致可以分為兩大類，如果以雨量載重計算降雨量，則其優缺點類似載重式雨量計；如果是以雨滴打擊力量轉換成雨量，則類似撞擊式雨量計。

微都卜勒雷達式雨量計係發射電磁波到空中，如果電磁波遇到雲層或水氣會反射回到接收雷達。反映在雷達幕上的訊號即為回波。水氣越多，反射率越大，能量減弱程度越明顯。雖然水氣多不一定會發生降雨，但是一旦降雨，則雷達回波所換算的雨量則具代表意義。唯一的缺點就是購置和維修價錢昂貴。

水位感應式雨量計類似微都卜勒雷達式雨量計，係以電磁波發射，另一端接收訊號，雨量蒐集面積較一般傳統式雨量計大；但比微都卜勒雷達式雨量計小，購置和維修價錢價比微都卜勒雷達式雨量計少。

雖然載重式、光學式、聲波式（又稱撞擊式）、壓力式、水準感應式和微都卜勒雷達式等雨量計配備精密量測元件，具有精度高的優點，但也隨著精度越高，價錢越貴亦是事實。1889 年，德國人 Sprung 和 Fuess 設計傾斗式雨量計，因為價錢便宜，維修保養容易，為目前氣象觀測自動化最常見的雨量觀測儀器。其缺點則是高降雨事件有可能會產生傾斗快速運作過程造成漏失雨量現象而產生誤差。另外，則是低於傾斗容量的降雨事件無法記錄。

以臺灣地區而言，傾斗式和微都卜勒雷達式雨量計會較適合，如果是短期或是暫時使用的雨量計，則價錢高低將是主要的選擇關鍵因子。

9-2 水位計

　　為了可以獲得穩定且高度準確的水位數據，目前有各式各樣的水位計。水位計根據感測器的特性大致可以分接觸式和非接觸式兩大類型。接觸式水位計係感測器需要接觸到水體或水面才能夠以感測器直接量測或間接換算水位；非接觸式水位計則是感測器不需要接觸到水面，以無線電波或超音波脈衝接觸到水面返回接收器的時間計算水位。

　　河川水位測量方面，經常使用的接觸式水位計有浮筒式水位計、壓力式水位計和測繩式水位計等三種；非接觸式水位計則以無線電波水位計和超音波水位計為主。除了測繩式水位計為非自記式水位計外，其餘各類型水位計都屬於自記型水位計，可以自動連續紀錄，聯結傳輸系統還可以直接透過電信或衛星直接從野外傳回水位數據。儘管如此，測繩式水位計可以隨到隨測，十分方便。

　　壓力式水位計的感測器精度比超音波水位計的感測器高，為低成本、高精度的水位測量儀器。由於壓力式感測器量測的壓力數據包含大氣壓力，因此，使用壓力式水位計需要現場額外安裝氣壓計。接著，將壓力式水位計的讀數減去大氣壓力值以獲得水位數據。

　　其餘較常使用在污水處理廠或化學工廠的水位計有導引桿式水位計、電容式水位計與差壓式水位計。

　　最新的接觸式水位計為導引桿式脈衝水位計，藉著高頻短波長信號沿著導引探頭向水體發射，經物體表面反射回接收器後，以信號往返的時間精準計算水位。由於該信號傳播方式與液體、流體的電導度無關，在混濁、高腐蝕性的水體都可以使用，另外，脈衝光束角度更小，適合於狹窄空間使用。操作簡單、用途廣泛、受液體性質影響較小。缺點為高頻信號的波長較短，會存在空間盲區，如果異物黏附在探頭附近也會影響接收反射波的精度。

　　電容式水位計具有檢測電極和接地電極，藉著液體流過兩極之間的電容變化換算水位，適用於狹窄空間、產生大量沉澱物的小容器。易於安裝、維護方便，可以測量液體、粉末與絕緣體。介電常數和溫度變化會影響量測精度，需要安裝介電常數感測器和溫度校正。

　　差壓式水位計為透過液面到儲罐底部的壓力差計算水位。易於安裝，大量泡沫、沉澱物、液體比重變化都會影響精度。開放式和封閉式罐體的差壓量測方法也不同，需要判斷調整。

　　圖 9-1 為經常使用的水位計型式。各類型水位計的原理概述，以及優、缺點分別如表 9-3 與表 9-4 所示。

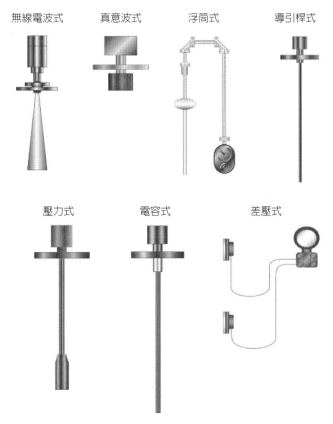

圖 9-1　經常使用的水位計型式（取自 Matsushima Measure Tech co., Ltd. 網頁，2023）

表 9-3　各類型水位計的原理概述

特性	種類	原理
接觸式	浮筒式	以浮在水面上的浮筒位置標記水位
	壓力式	以裝置於河底的感測器量測靜水壓力，再換算成水位
	測繩式	當感測器接觸到水面發出信號時的繩長換算水位
非接觸式	無線電波	發射器的電波經水面反射返回接收器所需時間換算水位
	超音波	發射器的超音波經水面反射返回接收器所需時間換算水位

表 9-4　各類型水位計的優、缺點

特性	種類	優點	缺點
接觸式	浮筒式	操作容易	受流體黏性、異物黏附影響精度
	壓力式	安裝容易、便宜、精度高	泥砂掩埋導致壓力值增加，水流動壓影響
	測繩式	快速讀取、便宜、地下水位量測	野外受風力影響精度
非接觸式	無線電波	安裝容易、不受天候影響	比超音波水位計昂貴、體積大、儀器重，測量範圍約 10 m
	超音波	安裝容易、比無線電波水位計便宜	量測距離比無線電波水位計短、天候影響與水面波不平整影響精度

參考文獻

1. 中央氣象局，颱風百問，2022
2. 中央氣象局，氣候百問，2022
3. 中央氣象局，CWB, Taiwan's climate in 2021, 2022
4. 內政部消防署，臺灣地區天然災害損失統計表（47 年至 110 年 12 月），2022
5. 王如意、易任，應用水文學，新編上冊，國立編譯館，新編 16 印，2017
6. 王如意、易任，應用水文學，新編下冊，國立編譯館，新編 10 印，2016
7. 世界氣象組織，WMO, Field Intercomparison of Rainfall Intensity Gauges, 2007
8. 世界銀行，Natural Disaster Hotspots-A Global Risk Analysis, 2005
9. 美國農業部，USDA, Hydrology, National Engineering Handbook, 2019
10. 陳亮全等，氣候變遷與災害衝擊，臺灣氣候變遷科學報告，2011
11. 黃宏斌，水土保持工程，五南圖書出版公司，第二版，2021
12. 黃宏斌，滯洪沉砂設施設計參考叢書，水土保持局研究報告，2020
13. 黃宏斌等，山坡地開發行為之透水保水設施探討，水土保持局研究報告，2018
14. 經濟部水利署，自來水生活用水量統計，歷年統計資料主題式圖表查詢，2022
15. 經濟部水利署，110 年自來水生活用水量統計，2022
16. 經濟部水利署，中華民國 110 年臺灣水文年報總冊，2022
17. 經濟部水利署，中華民國 110 年臺灣水文年報第三部分 - 地下水，2022
18. 經濟部水利署，網站資料，2022
19. 經濟部水利署，網站資料，2023
20. 經濟部水利署水利規劃試驗所，出流管制技術手冊，2020
21. 農業委員會水土保持局，水土保持技術規範，2020
22. 錢寧等，河床演變學，1937
23. 聯合國政府間氣候變遷專門委員會，IPCC，第五次評估報告，2015
24. 聯合國政府間氣候變遷專門委員會，IPCC, Synthesis Report, Climate Change 2014, 2015

25. 聯合國政府間氣候變遷專門委員會，IPCC, The Physical Science Basis, Climate Change 2021, 2022

26. D. Jakimavicius & J. Kriauciunien, Assessment of uncertainty in estimating the evaporation from the Curonian Lagoon, Baitica 26(2), 177-186, 2013

27. Matsushima Measure Tech co., 網站資料 , 2023

28. Vallentine, H.R., Applied hydrodynamics, Butterworth & co. Limited, S.I. ed., 1969

29. worldometer, Water Use Statistics-Worldometer (worldometers.info), 2022

索引

Note

國家圖書館出版品預行編目資料

圖解水文學／黃宏斌著. －－初版.－－臺北
　市：五南圖書出版股份有限公司, 2023.04
　面；　公分
　ISBN 978-626-343-930-6（平裝）

1.CST: 水文學

351.7　　　　　　　　　112003632

5G53

圖解水文學

作　　　者 ― 黃宏斌（305.5）

發 行 人 ― 楊榮川

總 經 理 ― 楊士清

總 編 輯 ― 楊秀麗

副總編輯 ― 王正華

責任編輯 ― 張維文

封面設計 ― 陳亭瑋

出 版 者 ― 五南圖書出版股份有限公司

地　　　址：106台北市大安區和平東路二段339號4樓

電　　　話：(02)2705-5066　　傳　　　真：(02)2706-6100

網　　　址：https://www.wunan.com.tw

電子郵件：wunan@wunan.com.tw

劃撥帳號：01068953

戶　　　名：五南圖書出版股份有限公司

法律顧問　林勝安律師

出版日期　2023年4月初版一刷

定　　　價　新臺幣250元

經典永恆·名著常在

五十週年的獻禮 —— 經典名著文庫

五南，五十年了，半個世紀，人生旅程的一大半，走過來了。

思索著，邁向百年的未來歷程，能為知識界、文化學術界作些什麼？

在速食文化的生態下，有什麼值得讓人雋永品味的？

歷代經典·當今名著，經過時間的洗禮，千錘百鍊，流傳至今，光芒耀人；

不僅使我們能領悟前人的智慧，同時也增深加廣我們思考的深度與視野。

我們決心投入巨資，有計畫的系統梳選，成立「經典名著文庫」，

希望收入古今中外思想性的、充滿睿智與獨見的經典、名著。

這是一項理想性的、永續性的巨大出版工程。

不在意讀者的眾寡，只考慮它的學術價值，力求完整展現先哲思想的軌跡；

為知識界開啟一片智慧之窗，營造一座百花綻放的世界文明公園，

任君遨遊、取菁吸蜜、嘉惠學子！